（第3版）

室内装饰材料与应用

王 勇 编著

U0271806

中国电力出版社

CHINA ELECTRIC POWER PRESS

内容提要

本书为第三版，共分十四章，分别介绍了室内装饰材料的概述、装饰石材、装饰陶瓷、装饰骨架材料与装饰线条、装饰板材、装饰地板、装饰门窗、装饰纤维制品、装饰玻璃与管线材料、装饰涂料与胶凝材料、装饰五金配件、装饰灯具、卫生洁具及室内装饰材料的综合应用。

本书内容注重实用，文字通俗易懂，图文并茂，格式新颖，让读者能对室内装饰材料有更为直观的认识。本书具有很强的实用性和参考性，可供从事建筑装饰装修行业的设计人员以及准备装修家居的朋友阅读参考，也可作为大中专院校相关专业师生的参考书。

图书在版编目（CIP）数据

室内装饰材料与应用 / 王勇编著，—3版. — 北京：中国电力出版社，2018.5
ISBN 978-7-5198-1850-0

Ⅰ．①室… Ⅱ．①王… Ⅲ．①室内装饰－建筑材料－装饰材料 Ⅳ．①TU56

中国版本图书馆CIP数据核字(2018)第048164号

出版发行：中国电力出版社
地　　址：北京市东城区北京站西街19号（邮政编码100005）
网　　址：http://www.cepp.sgcc.com.cn
责任编辑：周娟华
责任校对：王小鹏
装帧设计：弘承阳光
责任印制：杨晓东

印　　刷：北京盛通印刷股份有限公司
版　　次：2017年1月第一版　2018年5月第三版
印　　次：2018年5月北京第九次印刷
开　　本：710毫米×1000毫米 16开本
印　　张：15.75
字　　数：228千字
定　　价：68.00元

　　本书在第二版的基础上，删除了一些旧材料，增加了新材料。同时，在图片的选配上，更趋向于真实性、实用性，使读者能够快速地了解各种材料的品种、性能、规格、标准、选购、品牌和在实际使用等方面的知识。另外，此次再版，加入了全新的材料价格比对表，这使得读者对各种材料的了解更加丰富，更加全面。

　　全书共分十四章，分别介绍了室内装饰材料的概述、装饰石材、装饰陶瓷、装饰骨架材料与装饰线条、装饰板材、装饰地板、装饰门窗、装饰纤维制品、装饰玻璃与管线材料、装饰涂料与胶凝材料、装饰五金配件、装饰灯具、卫生洁具及室内装饰材料的综合应用等内容。

　　本书可供从事建筑装饰装修行业的设计人员以及准备装修家居的朋友阅读参考，也可作为大中专院校相关专业师生的参考书。限于作者自身的水平，在编写过程中难免会出现一些纰漏，希望大家提出宝贵意见，我们共同进步！

编著者

随着我国经济的发展，人民生活水平的不断提高，人们对自己的生活质量有了更高的要求和清晰的认识，居住环境便是人们生活质量的一项重要体现。在室内装饰装修时，不仅要求造型的美观、装修的实用性、色彩的搭配以及空间的合理，而且越来越注重装修是否环保，装修过程中以及装修完成后的居住环境是否给人的身体健康带来危害。"绿色环保"成为现代居室装修的一项重要要求。

室内装饰材料是室内装修的基础，更是实现"绿色环保"装修理念的载体。因此，室内装饰材料的选择及其施工工艺、流程直接影响到居住环境的美观性、适用性和合理性，对人们居住环境的健康与舒适起到了重要作用。

近年来，随着我国的经济发展，国内室内装饰行业的发展十分迅速，从而也带动了室内装饰材料推陈出新，新材料、新工艺、新品种、伴随时代的步伐不断涌现。

本书将针对目前室内装修工程中所用的传统材料及市场上最新流行的新材料进行系统的介绍。全面介绍各种室内装饰材料的品种、品牌、性能、规格、标准、选购以及在实际使用等方面的知识。

本书包括了现代室内装饰材料概述、装饰石材、装饰陶瓷、装饰骨架材料、装饰线条、装饰板材、装饰塑料、装饰纤维织品、装饰玻璃、装饰涂料、装饰五金配件、管线材料、胶凝材料、装饰灯具、卫生洁具、电气设备共十六章的内容。

本书可供从事建筑装饰装修行业的设计人员以及准备装修家居的朋友阅读参考，也可作为大中专院校师生的参考书。限于作者自身的水平，在编写过程中难免会出现一些纰漏，希望大家提出宝贵意见，我们共同进步！

编　者

第一章 室内装饰材料的概述

第一节 室内装饰材料的种类

室内装饰材料的种类繁多，按照装饰部位分类，有顶面装饰材料、地面装饰材料、内墙装饰材料、外墙装饰材料；按照材质分类有石材、木材、无机矿物、涂料、纺织品、塑料、金属、陶瓷、玻璃等种类；按照功能分类有吸声、隔热、防水、防潮、防火、防霉、耐酸碱、耐污染等种类。

按照市场上装饰材料销售品种的分类，其类别与种类见表1-1。

表1-1　　　　　　　　　室内装饰材料的类别与种类

类　　别	种　　类
装饰石材	花岗石、大理石、人造石
装饰陶瓷	通体砖、抛光砖、釉面砖、玻化砖、陶瓷马赛克

续 表

类 别	种 类
装饰骨架材料	木龙骨、轻钢龙骨、铝合金骨架、塑钢骨架
装饰线条	木线条、石膏线条、金属线条
装饰板材	木芯板、胶合板、贴面板、纤维板、刨花板、人造装饰板、防火板、铝塑板、吊顶扣板、石膏板、矿棉板、阳光板、彩钢板、不锈钢装饰板、实木拼花地板、实木复合地板、人造板地板、复合强化地板、薄木敷贴地板、立木拼花地板、集成地板、竹质条状地板、竹质拼花地板
装饰塑料	塑料地板，铺地卷材、塑料地毯、塑料装饰板、墙纸、塑料门窗型材、塑料管材、模制品
装饰纤维织品	地毯、墙布、窗帘、家具覆饰、床上用品、巾类织物、餐厨类纺织品、纤维工艺美术品
装饰玻璃	平板玻璃、磨砂玻璃、压花玻璃、夹层玻璃、钢化玻璃、中空玻璃、雕花玻璃、玻璃砖、泡沫玻璃、镭射玻璃
装饰涂料	清油清漆、厚漆、调和漆、硝基漆、防锈漆、乳胶漆、石质漆
装饰五金配件	门锁拉手、合页铰链、滑轨道、开关插座面板
管线材料	电线、铝塑复合管、PPR给水管、PVC排水管
胶凝材料	水泥、白乳胶、801胶、816胶、粉末壁纸胶、玻璃胶
装饰灯具	吊灯、吸顶灯、筒灯、射灯、壁灯、软管灯带
卫生洁具	洗面盆、抽水马桶、浴缸、淋浴房、水龙头、水槽
电气设备	热水器、浴霸、抽油烟机、整体橱柜

第二节 室内装饰材料的装饰功能

（一）墙面

墙面装饰的功能或者目的是为了保护墙体及墙体内铺设的电线、水线、网线、电视线等隐蔽工程项目，保证室内环境的舒适与美观，特殊空间需要保证室内的隔声、防水、防潮、防火等功能。由于室内墙面不同于建筑外墙以及其他外

墙面装饰

部空间，质感上要求细腻，造型上要兼顾美观与实用，所以色彩上要根据不同的空间、不同的功能以及主人的喜好而决定。

（二）顶面

顶面原本属于墙面的一部分，由于其所处位置、使用功能不同，对材料的要求也不同。不仅要满足墙面装饰相同的功能，还要具有一定的耐脏、轻质等功能。色彩上要简洁、明快、浅淡，不宜采用重色调，以免给人压抑感。常见的顶面颜色多为白色，白色可以增强光线的反射力，增加室内的亮度。造型上有平板式、层叠式、浮雕式、镂空式等各种样式。

顶面装饰

顶面装饰还应与灯具相搭配，合理的灯具运用，合理的光源、光感设计，都会给人意想不到的效果。不同的顶面造型搭配不同样式的灯具，能收到简洁中略带大方，豪华中不显凌乱等各种不同效果，只需设计得恰到好处。

（三）地面

地面装饰的功能是为了保护楼板及地坪，保证使用功能及美化功能。地面装饰要保证必要的强度、硬度、耐擦洗、耐腐蚀、防潮、表面整洁、平整、光滑等基本使用条件。特殊的空间，如卫生间、厨房等，要保证地面装饰具有防水功能。在其他方面，根据需要，地面装饰还应与原地面预

地面装饰

留一定的空间，以便合理施工一些隐蔽工程中的项目，如地面走线、铺设地热等。

对于一些使用标准较高的地面装饰，还应具有隔气、隔热、消声、吸声、保温、硬度降低、加大安全系数等功能。

地面装饰在室内装饰装修中占据很重要的地位，它不仅可以增加室内环境的美观性，不同的材料和颜色还会给人造成不同的感受。如实木地板可以使人感受到怀旧、生命力、回归大自然，而复合地板则给人以现代、方便、快捷的感觉。深颜色的地面装饰，更能体现出主人的品位、修养与自身价值；浅颜色的地面装饰，则体现出了主人的整洁、活泼和富有朝气。地面装饰的材料选择，应符合空间的需要及主人的喜好等。总之，"人性化"是现代装饰装修的主题。

第三节 室内装饰材料的选择

室内装饰材料是室内装饰装修的基本条件，装修实际上要靠各种材料来实现，运用不同的材料可以创造出不同的室内空间。不同装饰材料的色彩、质感、触感、光泽等的正确选用，将极大地影响室内环境。一般情况下，室内装饰材料的选择应根据以下几个方面来综合考虑。

（一）地域与气候

不同的地域有着不同的气候，特别是温度、湿度等情况，对材料的选择有极大的影响。我国南北方的气候存在明显差异，南方地区气候潮湿，应当选用含水率低、复合元素多的装饰材料。由于南方地区气候炎热，还应多选择一些有冷感的材料。而北方地区则正好相反。

实木地板

水泥地坪及石类、砖类的散热比较快。在北方地区的采暖空间内，长期生活在这种地面上会使人感觉太冷，从而影响居住者的舒适感。所以，北方地区的地面装饰多采用实木地板、复合地板、塑料地板、地毯等，其热传导低，能使人感到温暖、舒适。

绿、蓝、青、紫等属于冷色调，给人以清凉的感觉；橙、红、黄等则属于暖色调，给人以温暖的感觉。在南方地区，材料的颜色应以冷色调为主；相反，北方应以暖色调为主。特殊的空间，应按照其使用功能来选择材料的色调。如冷饮店应多采用冷色调，冷库则应多采用暖色调。

（二）空间与装饰部位

不同的空间有着不同的使用功能，如客厅、卧室、大堂、办公室、医院、舞厅、餐厅、厨房、卫生间等，对装饰材料的选择也各有不同的要求。不同的装饰部位，如电视墙、玄关、立柱、墙面、地面、顶面等，对材料的选择也不同。

电影院等宽大的空间，装饰材料的表面可粗犷、坚硬，选择大线条的图案，要有立体感。其材料的本身还应具有一些隔声、吸声的功能；餐厅饭店的客流量大且不易清洁，选择的材料应具有耐磨、耐擦洗、质感坚硬而表面光滑等特性；医院是整洁而宁静的空间，宜采用清新、明快、淡色调的材料，其材料本身要富有弹性、防滑、质地较软的特性。

室内居住环境中面积较大的空间，可以采用深色调和有较大图案的材料，避免给人以空旷的感觉；而面积较小的空间，则宜采用浅色调、质感细腻和能拉大空间效果的材料。卧室属于私密性的空间，色彩宜淡雅明亮，但应避免强烈反光，选用亚光漆、壁纸、墙布等装饰材料为佳。客厅属于公共区域，相对人流大，活动时间长。灰尘、烟气等都多于其他活动空间，其材料的选择应具有坚固、易擦洗等特性。

沙发背景墙　　　　　　　　　　　　装饰壁纸

（三）标准与功能

室内装饰材料的选择还应考虑到空间环境的标准与功能要求。

宾馆设有三星级、四星级、五星级等级别。要体现其内部的豪华标准，选择的材料也要区别对待。如地面装饰，五星级的选用纯毛地毯，四星级的选用纤维地毯，三星级的选用木地板等。

纤维地毯

水处理厂如果离居民区较近，那么其水泵发出的噪声就应符合环境噪声治理标准。在水泵房的空间内，就应选择隔声窗、隔声门、穿孔石膏板、软质纤维板、珍珠岩装饰吸声板等有吸声、隔声功能的装饰材料。

总之，根据室内空间对隔声、隔热、防水、防火等标准提出的要求不同，室内装饰材料的选择也要具备相应的功能需要。

（四）经济性

从经济性的角度考虑选择装饰材料，是一个整体观念。既要考虑装修时的投资，也要考虑日后的维修费用以及维修带来的不便。在重要装修项目上，可以考虑大投资，延长使用年限，如隐蔽工程中的水路、电路，对材料的质量和安全要求相当高，对此就应该加大投资，使用高质量符合国家标准的管线等材料。

第四节　现代室内装饰材料的发展特点

随着我国经济的发展，装饰行业也相继涌出了各式各样的新型装饰材料。除了产品的多品种、多规格，多花色等常规观念的发展外，利于节约资源的装饰材料也大量涌现。装饰材料的革新势不可当，它将促进装饰行业向着高科技、低能耗、现代化方向发展。近年来，我国装饰材料的发展特点有以下几点。

（一）装饰木材

目前，我国森林覆盖率只有14%，远远低于世界森林覆盖率25%的平均水平。为了保护森林资源、维护生态环境，国家已经规定禁止在一些地区砍伐树木。各种代木、废旧资源的再生利用等已成为装饰材料未来的发展方向。

（二）门窗材料

近年来，木窗和钢窗已基本被淘汰，它们的主要缺点是密封性能差和使用寿命短。现在市场上大多流行铝合金门窗和塑钢门窗两大类，而铝合金门窗和塑钢门窗就弥补了钢、木门窗的缺点，具有极好的密封、保温、隔声、防水性能。

塑钢门窗

配合门窗的更新换代而发展极快的镀膜玻璃、中空玻璃、夹层玻璃、热反射玻璃，也被应用到了门窗当中。其不仅能调节室内光线，也配合了室内的空气调节，节约了能源。

（三）管道材料

塑覆铜管是传统镀锌管的升级换代产品，也是当今世界上流行的新一代管道材料，具有不易生锈、不易结垢、对人体无毒无害的特点。

（四）产品的多功能性

近年来发展迅速的装饰壁纸，已由只具备简单装饰作用的单一种类，发展出抗静电、防污染、报火警、防X射线、防虫蛀、防臭、隔热等不同功能的多种型号。应用于金属、木质、混凝土、设备、机械、墙板、扶手、栏杆、楼梯 、管道及门窗等的多功能漆也不断推陈出新，给人们带来极大的方便和实惠。

（五）大规格、高精度

陶瓷墙地砖以往的幅面比较小，比较厚。而现代陶瓷墙地砖的发展趋势是大规格、高精度和薄型。如国外大品牌的墙地砖1000mm×1000mm、2000mm×2000mm幅面的长度尺寸精度为±0.2%，直角度为±0.1%。

第二章　装饰石材

第一节　花岗岩

（一）花岗岩的性质

　　花岗岩又称为岩浆岩（火成岩），主要矿物质成分有石英、长石和云母，是一种全晶质天然岩石。按晶体颗粒大小，可分为细晶、中晶、粗晶及斑状等多种类别，颜色与光泽视其构成成分中长石、云母及暗色矿物质的含量多少而定，通常呈灰色、黄色、深红色等。优质的花岗岩质地均匀、构造紧密，石英含量多而云母含量少，不含

花岗岩

有害杂质，长石光泽明亮，无风化现象。

所谓火成岩就是地下岩浆或火山喷溢的熔岩冷凝结晶而成的岩石。火成岩中二氧化硅的含量、长石的性质及其含量决定了石材的性质。当二氧化硅的含量大于65%，就属于酸性岩，这种岩石中正长石、斜长石、石英等基本矿物形成晶体时，呈料状结构，就称为花岗岩。

（二）花岗岩的种类

天然花岗岩制品根据加工方式不同，可分为剁斧板材、机刨板材、粗磨板材和磨光板材四种。

（1）剁斧板材：石材表面经手工剁斧加工，表面粗糙，质感粗犷，具有规则的条状斧纹。

（2）机刨板材：石材表面机械刨平，表面平整，质感比较细腻，有相互平行的刨切纹。

（3）粗磨板材：石材表面经过粗磨，平滑但无光泽。

（4）磨光板材：石材表面经过精磨和抛光加工，表面平整光亮，颜色绚丽多彩，花岗岩晶体结构纹理清晰。

国产部分花岗岩的主要性能及产地见表2-1。

表2-1　　　　　　国产部分花岗岩的主要性能及产地

品　种	颜　色	表观密度（g/cm³）	抗压强度（MPa）	硬度（HS）	产　地
白虎涧	粉红	2.58	137.3	86.5	昌平
花岗石	浅灰	2.67	202.1	90.0	日照
花岗石	红灰	2.61	212.4	99.7	崂山
花岗石	粉红	2.58	180.4	89.5	汕头
日中石	灰白	2.62	171.3	97.8	惠安
厦门白	灰白	2.61	169.8	91.2	厦门
龙石	浅红	2.61	214.2	94.1	南安
大黑白点	灰白	2.62	103.6	87.4	同安

（三）花岗岩的应用

花岗岩在室内装修中应用广泛，具有良好的硬度，抗压强度好，孔隙率小，吸水率低，导热快，耐磨性好，耐久性高，抗冻、耐酸、耐腐蚀，不易风化，表面平整光滑，棱角整齐，色泽持续力强且稳重大方，一般使用年限约为数十年至数百年，是一种较高档的装饰材料。但花岗岩一般存于地下深层处，具有一定的放射性，大面积用在居室的狭小空间里，对人体健康会造成不利影响。此外，花岗岩中所含的石英会在570℃及870℃时发生晶体变化，产生较大体积膨胀，致使石材开裂。

花岗岩台面（一）　　　　　花岗岩台面（二）

花岗岩是一种优良的建筑石材，它常用铺设于基础、桥墩、台阶、路面，也可用于砌筑房屋、围墙。室内一般应用于墙、柱、楼梯踏步、地面、厨房台柜面、窗台面的铺贴。花岗岩的大小可随意加工，用于铺设室内地面的厚度为20～30mm，铺设家具台柜的厚度为18～20mm等。

市场上零售的花岗岩宽度一般为600～650mm，长度在2000～5000mm不等。特殊品种也有加宽加长型，可以打磨边角。若消费者用于大面积铺设，也可以订购同等规格的板材，如（长×宽×厚）

花岗岩台面（三）

300mm×300mm×15mm、500mm×500mm×20mm、600mm×600mm×20mm、800mm×800mm×25mm、800mm×600mm×20mm、1000mm×1000mm×30mm、1200mm×1200mm×30mm等。

（四）市场常用花岗岩价格

市场常用花岗岩价格见表2-2。

表2-2　　　　　　　市场常用花岗岩价格

产品名称	规　　格	加工方式	参考价格（元/m^2）
虎皮红花岗岩	600mm×300mm×20mm	磨光面	170.00
虎皮白花岗岩	600mm×300mm×20mm	磨光面	170.00
虎皮黄花岗岩	600mm×300mm×20mm	磨光面	180.00
流星红花岗岩	600mm×300mm×20mm	磨光面	190.00
雪翠绿洞石花岗岩	600mm×300mm×20mm	机切面	280.00
灰洞石花岗岩	600mm×300mm×20mm	机切面	230.00
天山红花岗岩	600mm×300mm×20mm	磨光面	200.00
枫叶红花岗岩	600mm×300mm×20mm	磨光面	190.00
集宁黑花岗岩	600mm×300mm×20mm	磨光面	185.00
山西黑花岗岩	600mm×300mm×20mm	磨光面	330.00
玄武岩漳浦黑花岗岩	600mm×300mm×20mm	磨光面	230.00
安山岩	600mm×300mm×20mm	斩毛面	190.00
安山岩	600mm×300mm×20mm	亚光面	195.00
马头花花岗岩	600mm×300mm×20mm	磨光面	270.00
漳浦青花岗岩	600mm×300mm×30mm	机制荔枝面	200.00
漳浦青花岗岩	600mm×300mm×30mm	手工荔枝面	210.00
漳浦青花岗岩	600mm×300mm×30mm	斩毛面	200.00
漳浦青花岗岩	500mm×300mm×40mm	水沟石	460.00
漳浦青花岗岩	600mm×300mm×20mm	喷砂面	205.00
漳浦青花岗岩	600mm×300mm×20mm	火烧面	185.00
漳浦青花岗岩	600mm×300mm×20mm	磨光面	270.00
芝麻青花岗岩	600mm×300mm×20mm	火烧面	175.00
芝麻青花岗岩	600mm×300mm×20mm	磨光面	200.00

第二节 大理石

（一）大理石的性质

大理石是一种变质或沉积的碳酸类岩石，属于中硬石材，主要矿物质成分有方解石、蛇纹石和白云石等，化学成分以碳酸钙为主，占总体成分5%以上。大理石结晶颗粒直接结合成整体块状构造，抗压强度较高，质地紧密但硬度不大，相对于花岗岩易于雕琢磨光。纯大理石为白色，我国又称为汉白玉，但分布较少。普通大理石含有氧化铁、二氧化硅、云母、石墨、蛇纹石等杂石，使大理石呈现为红、黄、黑、绿、棕等各色斑纹，色泽肌理效果装饰性极佳。我国大理石矿产资源丰富，以云南大理而知名。

大理石

（二）大理石的种类

天然大理石石质细腻、光泽柔润，常见的有爵士白、金花米黄、木纹、旧米黄、香槟红、新米黄、雪花白、白水晶、细花白、灰红根、大白花、挪威红、苹果绿、大花绿、玫瑰红、橙皮红、万寿红、珊瑚红、黑金花、啡网纹等，我国国内有很多地方也盛产大理石，花色品种较多。现将国内常用的大理石品种按产地做简单的介绍，见表2-3。

表2-3　　　　　　　　　国内常用的大理石品种及产地

品　种	特　征	产　地
汉白玉	石相为玉白色，微有杂点或脉纹	北京、湖北
艾叶青	石相为青底深灰间白色叶状，斑云间有片状纹缕	北京房山
晚霞	石相为石黄间土黄斑底，有深黄叠脉间有黑晕	北京顺义
云灰	石相为浅灰底，有烟状或云状黑灰纹带	北京房山
岭红	石相为紫红碎螺脉纹，杂有白斑	辽宁铁岭
碧玉	石相为深绿色或嫩绿色和白色絮状相渗	辽宁连山关

续 表

品 种	特 征	产 地
螺红	石相为绛红底，夹有红灰相间的螺纹	辽宁金县
驼灰	石相为土灰色底，有深黄赭色浅色疏松脉纹	江苏苏州
虎纹	石相为赭色底，布有流纹状石黄色经络	江苏宜兴
星夜	石相为黑色，间有白纹和白斑	江苏苏州
秋风	石相为灰红色，有血红脉晕	江苏南京
裂玉	石相为浅灰，带微红色脉纹和青灰色斑点	湖北大冶
黄花玉	石相为淡黄色，有较多稻黄脉纹	湖北黄石
灰黄玉	石相为浅黑灰底，有鲜红色黄色和浅灰色脉络	湖北大冶
墨壁	石相为黑色，杂有少量土黄纹理	河北获鹿
红花玉	石相为肝红底，夹有大小浅红碎石块	湖北大冶
风雪	石相为灰白，间有深灰色晕带	云南大理
桃红	石相为桃红色粗晶，有黑色缕纹或斑点	河北曲阳
残雪	石相为灰白色，有黑色斑带	河北铁山
冰琅	石相为灰白色，均匀粗晶	河北曲阳
彩云	石相为浅翠绿色底，深浅绿絮状相渗，有紫斑或脉纹	河北获鹿
蟹青	石相为黄灰底遍布深灰，或黄色砾斑间有白夹层	河北
雪花	石相为白色间淡灰色，有规则中晶，有较多的黄翳杂点	山东掖县
斑绿	石相为灰白色底，布有深草绿点斑	山东莱阳
紫螺纹	石相为灰红底，布满红灰相间螺纹	安徽灵璧
电花	石相为黑灰底，布满红色间白色脉络	浙江杭州

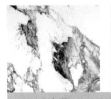    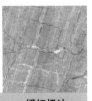

| 大白花 | 白水晶 | 苹果绿 | 香槟红 | 橘红奶油 |

我国大理石主要产地除了云南省大理市外，还有山东、广东、福建、辽宁、湖北等地。大理石的花纹色泽繁多，可选择性强。饰面板材表面需经过初磨、细磨、半细磨、精磨和抛光五道工序，大小可随意加工，可打磨边角。

大理石的价格也不同，从100元以内的低档石材到600元以上的高档石材，档次众多，价位各异，在使用和选择中可视不同情况而定。下面列举一些近年来常用的花岗岩和大理石的价格范围，以平方米为计算单位。

100元以内的有：安溪红、泉州白、珍珠花、中花、厦门红、永安红等。

100～200元的有：惠安红、安溪红、樱花红、晶白玉、珍珠红、石岛红、芝麻白、枫叶红、大白花、三宝红、富贵红、桂林红、木纹石、晶墨玉、水桃红、纹脂奶油、夜星雪间灰白、厦门白、桃花红、湘白玉、黑白花、济南青、将军红、石榴红等。

200～400元的有：虎贝、地中海米黄、中国红、枫叶红、泸定红、木纹米黄、太行红、夜星雪、武麦红、樱花红、玫瑰红、中国绿、芝麻红、太行绿、凤尾红等。

400～600元的有：金花米黄、大花绿、宫廷玉、一品红、中国红、亚洲墨等。

600元以上的有：夜玫瑰、桃红、印度红、巴西蓝、爵士白、南非红、细花白、金沙黑、大花绿（意大利）、蓝麻、金沙黑、啡网纹、西班牙米黄等。

另外，同一种花色的花岗岩和大理石，由于其色泽、纹理、质地等不同，价格也不同。

（三）大理石的应用

大理石不宜用作室外装饰，空气中的二氧化硫会与大理石中的碳酸钙发生反应，生成易溶于水的石膏，使表面失去光泽、粗糙多孔，从而破坏了装饰效果。

天然大理石装饰板是用天然大理面石荒料经过工厂加工，表面经粗磨、细磨、半细磨、精磨和抛光等工艺而成。天然大理石质地致密但硬度不大，容易加工、雕琢和磨平、抛光等，但强度不及花岗岩，在磨损率高、碰撞率高的部位应慎重使用。大理石抛光后光洁细腻，纹理自然流畅，有很高的装饰性。大理石吸水率小，耐久性高，可以使用40～100年。多用于宾馆、酒店大堂、会所、展厅、商场、机场、娱乐场所、部分居住环境等室内墙面、地面、楼梯踏板、栏板、台面、窗台板、踏脚板等，也用于家具台面和室内外家具。

具体施工工艺流程见表2-4。

表2-4　　　　　　　　　　　施工工艺流程

工艺名称	工艺流程
板块钻孔	用电钻在距板两端1/4处居板厚中心钻孔，孔径为6mm、深35~40mm。板宽小于500mm的打直孔2~3个，板宽大于500mm的打直孔3~4个，板宽大于800mm的直孔4~5个。然后将板旋转90度，在板两边分别各打直孔一个，孔位距板下端100mm，孔径为6mm、深35~40mm，直孔都需要剔出7mm深的小槽，以便安装U型钉
基体钻斜孔	板材钻孔后，按基体放线分块位置临时就位，确定对应于板材上下直孔的基体钻孔位置。用冲击钻在基体上钻出与板材平面呈45度的斜孔，孔径为6mm，深40~50mm
板材安装与固定	将U型钉一端钩进石材板块的直孔中，并随即用小硬木楔楔紧。另一端钩进基体斜孔中，校正板块平整度、垂直度使其符合要求后，也用小硬木楔楔紧，同时用大头硬木楔楔紧板块。随后即可进行分层灌浆

大理石装饰墙面（一）

大理石装饰墙面（二）

大理石装饰地面

大理石装饰家具

（四）市场常用大理石价格

市场常用大理石价格见表2-5。

表2-5　　　　　　　　　　市场常用大理石价格

产品名称	规格	参考价格（元/m^2）	产品名称	规格	参考价格（元/m^2）
中国黑	标准	120～130.00	蒙古黑	标准	120～135.00
山西黑	标准	160～180.00	金线米黄	标准	255～270.00
黑金沙（大）	标准	460～500.00	黑金沙	标准	450～500.00
爵士白	标准	390～440.00	西班牙米黄	标准	750～850.00
广西白	标准	120～130.00	雪花白	标准	200～215.00
印度红	标准	450～480.00	印度绿	标准	380～420.00
啡钻	标准	600～640.00	紫罗红	标准	530～620.00
橙皮红	标准	430～480.00	啡网纹（进口）	标准	480～530.00
汉白玉A	标准	750～860.00	米黄玉A	标准	760～820.00
大花绿	标准	200～260.00	大花白	标准	580～620.00
中花白	标准	480～520.00	细花白	标准	420～460.00
新西米黄A	标准	350～380.00	白沙米黄A	标准	480～510.00
银线米黄	标准	480～530.00	雅士白	标准	520～580.00
中东米黄	标准	560～700.00	挪威红	标准	480～500.00
天山红	标准	140～170.00	万年青	标准	180～200.00
黑白根	标准	130～140.00	夜里雪	标准	130～150.00
海浪花	标准	110～130.00	白麻	标准	130～140.00

第三节 人造石材

（一）人造石材的性质

人造石材是以不饱和聚酯树脂为胶粘剂，配以天然大理石或方解石、白云石、硅砂、玻璃粉等无机物粉料，以及适量的阻燃剂、颜色等，经配料混合、瓷铸、振动压缩、挤压等方法成型固化制成的。

人造石材一般指人造大理石和人造花岗岩，其中以人造大理石应用较为广泛。它具有轻质、高强度、耐污染、多品种、生产工艺简单、易施工等特点，其经济性、选择性等均优于天然石材的饰面材料，因而得到广泛的应用。

白色系人造石台面（一）

白色系人造石台面（二）

蓝色系人造石台面

黑色系人造石台面

人造大理石在国外已有40多年历史，我国20世纪70年代末期才开始由国外引进人造大理石技术与设备，但发展极其迅速，质量、产量与花色品种上升很快。其之所以能得到较快发展，是因为具有如下一些特点。

（1）重量较天然石材小，一般为天然大理石和花岗石的80%。因此，其厚度一般仅为天然石材的40%，从而可大幅度降低建筑物重量，方便了运输与施工。

（2）耐酸。天然大理石一般不耐酸，而人造大理石可广泛用于酸性介质场所。

（3）制造容易。人造大理石生产工艺与设备简单，原料易得，色调与花纹可按需求设计，也可比较容易地制成形状复杂的制品。

市场上以树脂型人造石和水泥型人造石的销售为主，其色泽丰富、品种繁多。

（二）人造石材的种类及应用

人造石材一般分为水泥型人造石和树脂型人造石。

树脂型人造石是以不饱和聚酯树脂为胶粘剂，与石英砂、大理石渣、方解石粉、玻璃粉等无机物料搅拌混合，浇铸成型，经固化、脱模、烘干、抛光等工序制成。

树脂型人造石具有天然花岗岩和天然大理石的色泽花纹，几乎可以假乱真。而且价格低廉，吸水率低，重量轻，抗压强度较高，抗污染性能优于天然石材，对醋、酱油、食用油、鞋油、机油、墨水等均不着色或十分轻微，耐久性和抗老化性较好。目前，国内外人造大理石以聚酯型为多。这种树脂的黏度低，易成型，常温固化。其产品光泽性好，颜色鲜亮，可以调节。

灰色系人造石台面

市场上销售的树脂型人造大理石一般用于厨房台柜面，宽度在650mm内，长度为2400~3200mm，厚度为10~15mm，可定制加工，包安装、包运输。

红色系人造石台面

黄色系人造石台面

水泥型人造石是以水泥（硅酸盐水泥或铝酸盐水泥）为胶凝材料，砂为细骨料，碎大理石、花岗岩、工业废渣等为粗骨料，按比例经配料、搅拌、成型、研磨、抛光等工序而制成的人工石材。

制成的人造大理石具有表面光泽度高、花纹耐久等特性，抗风化、耐火性、防潮性都优于一般的人造大理石。其色泽与天然石材类似，表面光滑，具有光泽且呈半透明状，但价格却非常低廉。在室内地面、窗台板、踢脚板等部位装饰得到广泛应用。

（三）市场常用人造石材价格

市场常用人造石材价格见表2-6。

表2-6　　　　　　　　市场常用人造石材价格

品　牌	规　格	参考价格（元/延米）
美国杜邦可丽耐 （DUPONT CORIAN）	标准宽600mm	2600～3800.00
美国杜邦蒙特利米兰石	标准宽600mm	480～850.00
美国杜邦蒙特利纯亚克力系列	标准宽600mm	1500.00
杜邦蒙特利丽家石	标准宽600mm	660.00
LG（HI-MACS 豪美思）	标准宽600mm	1900～2600.00
可乐丽（KURARAY）	标准宽600mm（原装进口）	1900.00
可乐丽（KURARAY）	标准宽600mm（上海A版）	1200.00

品　牌	规　格	参考价格（元/延米）
可乐丽（KURARAY）	标准宽600mm（上海B版）	680～780.00
可乐丽（KURARAY）	标准宽600mm（上海MMA版）	1380.00
宝丽杜邦（POLYSTONE）	标准宽600mm	800～1000.00
雅丽耐（ARIEN）	标准宽600mm	550～760.00
耐美石（NAIMSHI）	标准宽600mm	420～510.00
科雅石（COYA）	标准宽600mm	340～550.00
彩宝石（BRILLIANT）	标准宽600mm	500～600.00
美宝石（MEIPOSHI）	标准宽600mm	260～360.00
百宝石（BAIBAOSHI）	标准宽600mm	280～350.00
百宝石（BAIBAOSHI）	标准宽600mm	650～700.00
澳宝石（OPAL STONE）	标准宽600mm	350～500.00
胜龙杜邦（SUNLONG）	标准宽600mm	450.00
康尔（KANGER）	标准宽600mm	320～340.00
安尔现代白金石（香港）	标准宽600mm	400～420.00
利尔石（LE–LIER）	标准宽600mm	280～300.00
瑞亚（KHEA）	标准宽600mm	380～420.00

第四节　装饰石材的选购

在众多装饰材料中，石材的运用是较为普遍的。但是，目前市场上石材产品质量却良莠不齐。如不具备选购石材的一些基本知识，消费者在购买过程中极有可能上当受骗。

（一）注意事项

（1）优质装饰石材的外观完全没有或少许具有缺棱、缺角、裂纹、色斑等质量缺陷，缺陷越多，则质量级别越低，价格也越便宜；在选购时，应检查同一批次板材的花纹、色泽是否一致，不应有很大色差，否则会影响装饰效果；可用手来感觉石材表面光洁度，纯天然石材表面应冰凉刺骨，纹理清晰，抛光平整，无裂纹。

（2）作为一种天然物质，放射性核素铀、镭、钍、钾40″也是石材的成分之一。优质天然石材应具备石材放射性检测合格报告，可向销售商索取核实。A类产销与使用范围不受限制；B类不可用于民用建筑内饰面；C类只能用于建筑物的外饰面及室外。但目前石材市场中大部分的石材产品并没有经过放射性检验，包装上更没有A、B、C分类标识。所以，防止石材放射性辐射危害的最有效方法是使用经过检验的石材。

同时，还应该注意检验报告的日期。同一品种的石材因其矿点、矿层、产地的不同，其放射性都存在很大的差异，如灰点麻花岗石经过多次检测，外照射指数范围为0.49～0.98，安溪红花岗石经多次检测，外照射指数范围为0.57～0.91，差异都在一倍以上，甚至还有一些放射性较高的石材，经过多次测量，其放射性从A类可以到B类，甚至超过C类，如石岛红花岗石，外照射指数范围为0.55～1.33；印度红花岗石，外照射指数范围为0.46～1.93；皇室啡花岗石，外照射指数范围为0.29～3.50。所以，消费者在选择或使用石材时不能单一只看其一份检验报告，尤其是工程上大批量使用时，应分批或分阶段多次检测。

（3）在购买石材产品前，一定要与供应商签订产品购销合同或索要发票，明确产品的名称、规格、等级、数量、价格等标的内容及质量保证条款；由于利润驱使，市面上销售的某些天然石材是经过人工染色的廉价石材，在使用一年左右就会显露出真面孔，最明显的是英国棕和大花绿，多数为染色而成，其真实价格与天然石材相差5～10倍，甚至更高。

黑色系人造石台面　　　　　　　白色系人造石台面

（4）消费者在选购时，重点都放在了石材的外观上，如石材的颜色、花纹等。但有时放射性的大小与石材颜色或多或少会有关联。如深红色、深绿色的石材放射性偏高的可能性较大，而白、黑、灰、米黄色等颜色通常会低一些。当然，放射性的高低应以检测报告为准，不能仅凭颜色做判断。

（5）优等品的板材，长、宽偏差小于1mm、厚度小于0.5mm、平面极限公差小于0.2mm、角度误差小于0.4mm。

（二）基本购买步骤

（1）观，即肉眼观察石材的表面结构。一般说来，均匀细料结构的石材具有细腻的质感，为石材之佳品；粗粒及不等粒结构的石材外观效果较差，机械力学性能也不均匀，质量稍差。

（2）量，即量石材的尺寸规格，以免影响拼接，或造成拼接后的图案、花纹、线条变形，影响装饰效果。

（3）听，即听石材的敲击声音。一般而言，质量好、内部致密均匀且无显微裂隙的石材，其敲击声清脆悦耳；相反，若石材内部存在显微裂隙或细脉或因风化导致颗粒间接触变松，则敲击声粗哑。

（4）试，即用简单的试验方法来检验石材质量好坏。通常在石材的背面滴上一小滴墨水，如墨水很快四处分散浸出，即表示石材内部颗粒较松或存在显微裂隙，石材质量不好；反之，若墨水滴在原处不动，则说明石材致密、质地好。

（三）防止假冒伪劣产品

一些不法商贩为了谋取暴利，在经营过程中采取了一些不正当手段蒙骗顾客，给顾客带来损失和不必要的麻烦，一般不法商贩的手段大致有以下几种。

（1）以次充好，即订合同时与客户签订高等级产品，而供货时却鱼目混珠，甚至趁客户不注意、不在场时将次品混入。

（2）以普通品种冒充名优品种，以国产品种冒充进口品种。

（3）复制检验报告，移花接木，将他人检验结论用于自己的石材产品；或干脆自己弄虚作假，擅自伪造检测报告。

第三章　装饰陶瓷

第一节　釉面砖

（一）釉面砖的性质

釉面砖又称为陶瓷砖、瓷片或釉面陶土砖，是一种传统的卫生间、浴室墙面砖，是以黏土或高岭土为主要原料，加入一定的助溶剂，经过研磨、烘干、筑模、施釉、烧结成型的精陶制品。

（二）釉面砖的种类

釉面砖的正面有釉，背面呈凸凹方格纹，由于釉料和生产工艺不同，一般有白色釉面砖、彩色釉面砖、印花釉面砖等多种。

| 灰色系釉面砖 | 黄色系釉面砖（一） | 红色系釉面砖（一） |

（1）白色釉面砖。颜色纯白，釉面光亮，给人以整洁之感。

（2）彩色釉面砖。釉面光亮晶莹，色彩丰富多样；或釉面半无光，色泽一致，色调柔和，无刺眼之感。

（3）装饰釉面砖。在釉面砖上施以多种彩釉，经高温烧成。色釉互相渗透，花纹千姿百态，有良好装饰效果；或具有天然大理石花纹，颜色丰富饱满，可与天然大理石媲美。

（4）印花釉面砖。在釉面砖上装饰各种彩色图案，经高温烧成或纹样清晰，款式大方；或产生浮雕、缎光、绒毛、彩漆等效果。釉面砖表面所施釉料品种很多，有白色釉、彩色釉、光亮釉、珠光釉、结晶釉等。

红色系釉面砖（二）

白色系釉面砖（一）

（5）瓷砖壁画。以各种釉面砖拼成各种瓷砖画，或根据已有画稿烧成釉面砖拼成各种瓷砖画。巧妙地运用绘画技法和陶瓷装饰艺术于一体，经过放样、制版、刻画、配釉、施釉、烧制等一系列工序，采用浸点、涂、喷、填等多种施釉技法和丰富多彩的窑变技术而产生出独特的艺术效果。

根据原材料的不同又分为陶制釉面砖和瓷制釉面砖。其中，由陶土烧制而成的釉面砖吸水率较高，强度较低，背面为红色；由瓷土烧制而成的釉面砖吸水率较低、强度较高，背面为灰白色。现今主要用于墙地面铺设的是瓷制釉面砖，其质地紧密、美观耐用、易于保洁、孔隙率小、膨胀不显著。

（三）釉面砖的应用

釉面砖的应用非常广泛，但不宜用于室外。主要用于厨房、浴室、卫生间、医院等内墙面和地面，可使室内空间具有独特的卫生、易清洗和装饰美观的效果。

墙面砖规格一般为（长×宽×厚）200mm×200mm×5mm、200mm×300mm×5mm、250mm×330mm×6mm、330mm×450mm×6mm等，高档墙面砖还配有一定规格的腰线砖、踢脚线砖、顶脚线、花片砖等，均有彩釉装饰，而且价格昂贵。地面砖规格一般为（长×宽×厚）250mm×250mm×6mm、300mm×300mm×6mm、500mm×500mm×8mm、600mm×600mm×8mm、800mm×800mm×10mm等。

内墙面砖的施工工艺流程见表3-1。

表3-1　　　　　　　　　　内墙面砖的施工工艺流程

工艺名称	工艺流程
预排	内墙砖镶贴前应预排，要注意同一墙面的横竖排列，不得有一行以上的非整砖。非整砖应排在次要部位或阴角处，排砖时可用调整砖缝宽度的方法解决。如无设计规定时，接缝宽度可在1~1.5mm之间调整。在管线、灯具、卫生设备支撑等部位，应用整砖套割吻合，不得用非整砖拼凑镶贴，以保证美观效果
弹线	根据室内标准水平线，找出地面标高，按贴砖的面积计算从横的皮数，用水平尺找平，并弹出釉面砖的水平和垂直控制线。如用阴阳三角镶边时，则将镶边位置预先分配好。横向不足整砖的部分，留在最下一皮与地面连接处

续 表

工艺名称	工艺流程
做灰饼、标记	为了控制整个镶贴釉面砖表面的平整度，正式镶贴前，在墙上粘废釉面砖作为标志块，上下用托线板挂直，作为粘贴厚度的依据，横镶每隔15m左右做一个标志块，用拉线或靠尺校正平整度。在门洞口或阳角处，如有阴三角镶过时，则应将尺寸留出先铺贴一侧的墙面，并用托线板校正靠直。如无镶边，应双面挂直
泡砖和湿润墙面	釉面砖粘贴前应放入清水中浸泡2h以上，然后取出晾干，用手按砖背无水迹时方可粘贴。冬季宜在掺入2%盐的温水中浸泡。砖墙面要提前1d湿润好，混凝土墙面可以提前3~4d湿润，以免吸走粘结砂浆中的水分
镶贴	在釉面砖背面抹满灰浆，四周刮成斜面，厚度在5mm左右，注意边角要满浆。当釉面砖贴在墙面时应用力按压，并用灰铲木柄轻击砖面，使釉面砖紧密粘于墙面。铺完整行的砖后，再用长靠尺横向校正一次。对高于标志块的应轻轻敲击，使其平齐；若低于标志块的，应取下砖，重新抹满刀灰铺贴，不得在砖口处塞灰，否则会产生空鼓。然后依次按此法往上铺贴。如因釉面砖的规格尺寸或几何尺寸形状不等时，应在铺贴时随时调整，使缝隙宽窄一致。当贴到最上一行时，要求上口成一直线。上口如没有压条，应用一边圆的釉面砖，阴角的大面一侧也用一边圆的釉面砖，这一排的最上面一块应用二边圆的釉面砖。在有洗面盆、镜子等的墙面上，应按洗面盆下水管部位分中，往两边排砖
勾缝	墙面釉面砖用白色水泥浆擦缝，并用布将缝内的素浆擦均匀
擦洗	勾缝后用抹布将砖面擦干净。如果砖面污染严重，可用稀盐酸清洗后再用清水冲洗干净即可

白色系釉面砖（二）　　　　　　　　黄色系釉面砖（二）

（四）釉面砖的选购

在选购釉面砖时，应注意以下几点。

（1）在光线充足的环境中把釉面砖放在离视线半米的距离外，观察其表面有无开裂和釉裂，然后把釉面砖反转过来，看其背面有无磕碰情况，只要不影响正常使用，有些磕碰也可以。但如果侧面有裂纹，而且占釉面砖本身厚度一半或一半以上的时候，此砖就不宜使用了。

（2）随便拿起一块釉面砖，然后用手指轻轻敲击釉面砖的各个位置，如声音一致，则说明内部没有空鼓、夹层；如果声音有差异，则可认定此砖为不合格产品。

（3）选购有正式厂名、商标及检测报告等的正规合格釉面砖。

釉面砖的应用非常广泛，但不宜用于室外，因为室外的环境比较潮湿，而此时釉面砖就会吸收水分，产生湿胀，其湿胀应力大于釉层的抗张应力时，釉层就会产生裂纹。所以，釉面砖主要用于室内的厨房、浴室、卫生间。

第二节 通体砖

（一）通体砖的性质

通体砖是表面不上釉的陶瓷砖，而且正反两面的材质和色泽一致。通体砖是一种耐磨砖，虽然现在还有渗花通体砖等品种，但花色比不上釉面砖。

（二）通体砖的种类

通体砖的种类不多，花色比较单一。常用种类有自洁砖、45×145 粉砂系列、大颗粒系列、红岩系列、岩石系列、劈开通体砖系列、蚀文系列、月扇系列、古域系列、川岩系列等。

（1）自洁砖：能有效地分解附在瓷砖表面的油酸分子等物质，使灰尘、污垢无法紧粘在瓷砖表面，遇风、雨便会自动冲洗干净，达到自洁效果。

（2）45×145粉砂系列：有着自然的魅力，是现代人苦苦追寻的一种细致入微的感觉，让人暂时忘却纷扰，投入宁静祥和的空间，荡涤铅华。

（3）大颗粒系列：用多元化的大颗粒喂料，科学考究的工艺处理手段，质地纯厚丰润，体现表里如一的品质，使墙面富有特色。

（4）红岩系列：特有暖色亲和力的铁红，表面自然、细腻、原始，富于变化的色调具有活力，更具有浓郁的古典色彩和品位。

（5）岩石系列：似岩石的自然劈离，似风蚀的熔岩，酿造经典，平添了广阔的艺术空间。

（6）劈开通体砖系列：蚀孔状态的砖面，自然的拉痕，十分接近风化的效果，贴近自然的个性化设计，迎合最独特的构思和理念。

（7）蚀文系列：经过天然雕刻，使砖面表现得细腻，演绎遗留的古老文化。

（8）月扇系列：月扇配之相应的色调，表现出一种意气风华、柔性的基调，创造出自然清新及高贵典雅的建筑效果。

（9）古域系列：肌理有天然雕琢的雅观，呈色的自然变化，带有石锈斑的修饰性，使墙面富于古朴、典雅、卓越。

（10）川岩系列：呈现岩石原有的自然风貌，使肌理变得错落有致，带着自然的干练，又有水蚀的那份轻柔。

灰色系防滑砖

蓝色系防滑砖

（三）通体砖的应用

目前的室内设计越来越倾向于素色设计，所以通体砖也成为一种时尚，被广泛使用于厅堂、过道和室外走道等装修项目的地面，一般较少使用在墙面上，而多数的防滑砖都属于通体砖。

通体砖的一般规格有（长×宽×厚）300mm×300mm×5mm、400mm×400mm×6mm、500mm×500mm×6mm、600mm×600mm×8mm、800mm×800mm×10mm等。

第三节　仿古砖

（一）仿古砖的性质

仿古砖最早是从国外引进的。仿古砖是从彩釉砖演化而来的，实质上是上釉的瓷质砖。与普通的釉面砖相比，其差别主要表现在釉料的色彩上面。仿古砖属于普通瓷砖，与瓷片基本相同。所谓仿古，指的是砖的艺术效果，应该叫仿古效果的瓷砖。唯一不同的是在烧制过程中，仿古砖技术含量要求相对较高，数千吨液压机压制后，再经千度高温烧结，使其强度高，具有极强的耐磨性，经过精心研制的仿古砖兼具了防水、防滑、耐腐蚀的特性。仿古砖仿造以往的样式做旧，用带着古典气息的独特韵味吸引着人们的目光，为体现岁月的沧桑、历史的厚重，仿古砖通过样式、颜色、图案等营造出怀旧的氛围。

仿古砖通常指的是有釉装饰砖，其坯体可以是瓷质的，这是主流；也有炻瓷、细炻和炻质的；釉以亚光的为主；色调则以黄色、咖啡色、暗红色、土色、灰色、灰黑色等为主。仿古砖蕴藏的文化、历史内涵和丰富的装饰手法，使其成为欧美市场的瓷砖主流产品，在国内也得到了迅速的发展。仿古砖的应用范围广，并有墙地一体化的发展趋势，其创新设计和技术赋予仿古砖更高的市场价值和生命力。

| 灰色系仿古砖（一） | 灰色系仿古砖（二） | 灰色系仿古砖（三） |

（二）仿古砖的种类

仿古砖的图案以仿木、仿石材、仿皮革为主；也有仿植物花草、仿几何图案、纺织物、仿墙纸、仿金属等。烧成后图案可以柔抛，也可以半抛和全抛。瓷质有釉砖的设计图案和色彩，是所有陶瓷中最为丰富多彩的。

在色彩运用方面，仿古砖多采用自然色彩，采用单色和复合色。自然的色彩就是取自于土地、大海、天空等的颜色，这些自然色彩普遍存在于世界的各个角落，如沙土的棕色、棕褐色和红色的色调；叶子的绿色、黄色、橘黄色的色调；水和天空的蓝色、绿色和红色的色调。这些色彩常被一些设计师所应用，用在仿古砖的装饰设计上。再有就是较为抽象的春、夏、秋、冬季节对自然色彩的影响，自然色彩可能是明亮的或柔和的；热烈的或阴郁的；温暖的或寒冷的。总之，要捕捉这些感觉，再通过色彩运用到仿古砖上。

灰色系仿古砖（四）　　　　　　　　　黄色系仿古砖

（三）仿古砖的应用

仿古砖的规格通常有300mm×300mm、400mm×400mm、500mm×500mm、600mm×600mm、300mm×600mm、800mm×800mm的，欧洲以300mm×300mm、400mm×400mm和500mm×500mm的为主；国内则以600mm×600mm和300mm×600mm的为主；300mm×600mm是目前国内外流行的规格。仿古砖的表面，有做成平面的，也有做成小凹凸面的；仿古砖多为一次烧成，烧成温度为1180～1230℃，在辊道窑中烧成，烧成周期通常为50～70min，烧后的瓷砖500mm×500mm以上的，多采用全封闭式除尘的干式磨边工艺。另外，仿古砖的应用范围与釉面砖相同，在此不做过多介绍。

（四）仿古砖的选购

仿古砖的选购范围与釉面砖相同，在此不做过多介绍。

第四节 抛光砖

（一）抛光砖的性质

抛光砖就是通体坯体的表面经过打磨而成的一种光亮的砖种，是通体砖的一种。相对于通体砖的平面粗糙而言，抛光砖外观光洁，质地坚硬耐磨，通过渗花技术可营造各种仿石、仿木效果。但是，抛光砖有一个很明显的缺点是易脏。这是抛光砖在抛光时留下的凹凸气孔造成的，这些气孔会藏污纳垢。一些优质的抛光砖都会增加一层防污层。

（二）抛光砖的种类

抛光砖的品种名称繁多，如天之石系列、云影石系列、白玉渗花系列、雪花白石系列、彩虹石系列、彩云石系列、天韵石系列、金花米黄系列、真石韵系列、流星雨系列等。

（三）抛光砖的应用

抛光砖主要应用于室内的墙面和地面，其表面平滑光亮，薄轻但坚硬。但由于抛光砖本身易脏，因此要多加注意，可在施工前打上水蜡，以防止污染。另外，在使用中也要注意保养。

600mm×600mm×8mm黄色系抛光砖

抛光砖的一般规格有（长×宽×厚）400mm×400mm×6mm、500mm×500mm×6mm、600mm×600mm×8mm、800mm×800mm×10mm、1000mm×1000mm×10mm等。

600mm × 600mm × 8mm白色系抛光砖　　600mm × 600mm × 8mm灰色系抛光砖

目前抛光砖主要被使用在家居的客厅、餐厅和玄关处。客厅是家中最大的休闲、活动空间，家人相聚、娱乐会客的重要场所，明亮、舒适的光线有助于相处中气氛的愉悦，休闲时减轻眼睛的负担。由于客厅的功能性所在，其地面材料就要求坚硬耐磨，而抛光砖就是一个不错的选择。在不同情形和时段也可满足家居装饰，色彩是最易出效果、最能表达个性的一个元素，色彩运用恰当、搭配合理的居室，比单纯用贵重材料简单堆砌，更能令人赏心悦目。

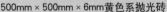

500mm × 500mm × 6mm黄色系抛光砖　　　500mm × 500mm × 6mm白色系抛光砖

一般地面砖的施工工艺流程见表3-2。

表3-2　　　　　　　　　　　一般地面砖的施工工艺流程

工艺名称	工艺流程
基层处理	基层清理干净，并用水洗刷
贴饼、冲筋	根据墙面的50线弹出地面建筑标高线和踢脚线上口线，然后在房间四周做灰饼。灰饼表面应比地面建筑标高低一块砖的厚度。厨房及卫生间内陶瓷地砖应比楼层地面建筑标高低20mm，并从地漏和排水孔方向做放射状标筋，坡度应符合设计要求
铺结合层砂浆	应提前浇水湿润基层，刷一遍水泥素浆，随刷随铺1:3的干硬性水泥砂浆，根据标筋标高，将砂浆用刮尺拍实刮平，再用长刮尺同刮一遍，然后用木抹子搓平
弹线	铺砖的形式一般有"一字形""人字形"和"对角形"等铺法。弹线时在房间纵横或对角两个方向排好砖，其接缝间隙的宽度应不大于2mm。当排到两端边缘不合整砖时，量出尺寸，将整砖切割成镶边砖。当排砖确定后，应用方尺规方，每隔3~5块砖在结合层上弹纵横或对角控制线
泡砖	将选好的陶瓷地砖清洗干净后，放入清水中浸泡2~3h后，取出晾干备用
铺砖	铺砖的顺序依次为：按线先铺纵横定位带，定位带间隔15~20块砖，然后铺定位带内的陶瓷地砖；从门口开始，向两边铺贴；也可按纵向控制线从里向外倒着铺；踢脚线应在地面做完后铺贴；楼梯和台阶踏步应先铺贴踢板，后铺贴踏板，踏板先铺贴防滑条；镶边部分应先铺镶；铺砖时，应抹素水泥浆，并按陶瓷地砖的控制线铺贴
压平、拔缝	每铺完一个房间或区域，用喷壶洒水后大约15min左右用木锤垫硬木拍板按铺砖顺序拍打一遍，不得漏拍，在压实的同时用水尺找平。压实后，拉通线先竖缝后横缝进行拔缝调直，使缝口平直、贯通。调缝后，再用木锤垫拍板拍平。如陶瓷地砖有破损，应及时更换
嵌缝	陶瓷地砖铺完2d后，将缝口清理干净，并刷水湿润，用水泥浆嵌缝。如是彩色地面砖，则用白水泥或调色水泥浆嵌缝，嵌缝做到密实、平整、光滑，在水泥砂凝结前，应彻底清理砖面灰浆，并将地面擦拭干净
养护	嵌缝砂浆凝结后，覆盖浇水养护不得少于7昼夜

（四）抛光砖的选购

在选购抛光砖时，应注意以下几点。

（1）抛光砖表面应光泽亮丽，无划痕、色斑、漏抛、漏磨、缺边、缺脚等缺陷。把几块砖拼放在一起应没有明显色差，砖体表面无针孔、黑点、划痕等瑕疵。

（2）注意观察抛光砖的镜面效果是否强烈，越光的产品硬度越好，玻化程度越高，烧结度越好，而吸水率就越低。

（3）用手指轻敲砖体，若声音清脆，则瓷化程度高，耐磨性强，抗折强度高，吸水率低，且不易受污染；若声音沙哑，则瓷化程度低（甚至存在裂纹），耐磨性差，抗折强度低，吸水率高，极易受污染。

（4）以少量墨汁或带颜色的水溶液倒于砖面，静置2min，然后用水冲洗或用布擦拭，看残留痕迹是否明显；如只有少许残留痕迹，则证明砖体吸水率低，抗污性好，理化性能佳；如有明显或严重痕迹，则证明砖体玻化程度低，质量低劣。

第五节　玻化砖

（一）玻化砖的性质

玻化砖的出现是为了解决抛光砖出现的易脏问题，又称为全瓷砖。是由优质高岭土强化高温烧制而成，表面光洁但又不需要抛光，因此不存在抛光气孔的问题。其吸水率小、抗折强度高，质地比抛光砖更硬、更耐磨。

玻化砖与抛光砖类似，但是制作要求更高，要求压机更好，能够压制更高的密度，同时烧制的温度更高，能够做到全瓷化。

600mm × 600mm × 8mm
白色系玻化砖

600mm × 600mm × 8mm
黄色系玻化砖

800mm × 800mm × 10mm
白色系玻化砖

（二）玻化砖的种类

玻化砖同抛光砖一样，品种名称很多，如金花米黄、飞天石、天山石、微晶玉、泰山石、珍珠石、月亮石等。

（三）玻化砖的应用

玻化砖规格一般较大，通常为（长×宽×厚）600mm×600mm×8mm、800mm×800mm×10mm、1000mm×1000mm×10mm、1200mm×1200mm×12mm等。

600mm×600mm×8mm黄色系玻化砖

玻化砖有很多优点，应用也较广泛，多用于星级宾馆、银行、大型商场、高级别墅和住宅楼的墙体、柱体、梯级及栏杆等的室内装饰装修。在家庭装修中，其应用与抛光砖相同。但玻化砖在众多的优点中隐藏了一个令人烦恼的缺点，就是在施工过程中不慎和日常保养不当，会出现渗脏吸污现象，严重影响玻化抛光砖的整体美观性。所以，使用玻化砖时要特别注意这一点。

第六节　马赛克

（一）马赛克的性质

马赛克旧称为陶瓷锦砖，马赛克源自古罗马和古希腊的镶嵌艺术。那时，古罗马人用不同颜色的小石子、贝类或玻璃片等彩色嵌片拼合，组成缤纷多彩的图案。到了拜占庭时期，被古罗马人高度图形化的马赛克艺术空前盛行，因嵌片表面质感有强烈的装饰韵致，当时的基督教堂大都用彩色玻璃马赛克做装饰。

如今的马赛克经过现代工艺的打造，在色彩、质地、规格上都呈现出多元化的发展趋势，而且品质优良。一般由数十块小砖拼贴而成，小瓷砖形态多样，有方形、矩形、六角形、斜条形等，形态小巧玲珑，具有防滑、耐磨、不吸水、耐酸碱、抗腐蚀、色彩丰富等特点。

彩色马赛克

陶瓷马赛克

（二）马赛克的种类

马赛克按质地分为陶瓷、大理石、玻璃、金属等几大类。其中，玻璃马赛克又分为熔融玻璃马赛克、烧结玻璃马赛克和金星玻璃马赛克。当今应用广泛的有玻璃马赛克和金属马赛克，其中由于价格原因，最为流行的当属玻璃马赛克。

（1）陶瓷马赛克，是最传统的一种马赛克，保留了陶的质朴，又不乏瓷的细腻。以小巧玲珑著称，但较为单调，档次较低。

（2）大理石马赛克，是中期发展的一种马赛克品种，丰富多彩，但其耐酸碱性差、防水性能不好，所以市场反应并不是很好。

（3）熔融玻璃马赛克，是以硅酸盐等为主要原料，在高温下熔化成型并呈乳浊或半乳浊状，内含少量气泡和未熔颗粒的玻璃马赛克。

（4）烧结玻璃马赛克，是以玻璃粉为主要原料，加入适量胶粘剂等压制成一定规格尺寸的生

玻璃马赛克

坯，在一定温度下烧结而成的玻璃马赛克。

（5）金星玻璃马赛克，是内含少量气泡和一定量的金属结晶颗粒，具有明显遇光闪烁的玻璃马赛克。

（6）金属马赛克，是马赛克中的奢侈品，一般是在陶瓷马赛克表面烧一层金属釉，也有的是在表面粘一层金属膜，上面覆盖水晶玻璃。更高档的是由真正的金属材料制成的，但价格非常昂贵。

（三）马赛克的应用

随着马赛克品种的不断更新，马赛克的应用也变得越来越广泛，适用于桑拿、会所、礼堂、宾馆、厨房、浴室、卫生间、卧室、客厅等。因为现在的马赛克可以烧制出更加丰富的色彩，也可用各种颜色搭配拼贴成自己喜欢的图案，镶嵌在墙上可以作为背景墙。

纯色马赛克

马赛克的一般规格有20mm×20mm、25mm×25mm、30mm×30mm，厚度依次在4～4.3mm。

常规墙面马赛克（如陶瓷马赛克）的施工工艺流程见表3-3；特殊墙面马赛克（如玻璃马赛克）的施工工艺流程见表3-4；地面马赛克的施工工艺流程见表3-5。

表3-3　　常规墙面马赛克（如陶瓷马赛克）的施工工艺流程

工艺名称	工艺流程
基层处理	如是砖墙面，抹底子灰时应将墙面清扫干净，检查处理好窗台和窗套、腰线等易损坏和松动的部位，并浇水湿润墙面；如是混凝土墙面，将墙面松散的混凝土、砂浆杂物等清除干净，凸起部位应凿平。光滑墙面要用打毛机进行毛化处理。附在墙面的脱模剂，一般要用10%浓度的碱溶液刷洗干净。墙面浇水湿润后，用1∶1水泥砂浆刮2～3mm厚的腻子灰一遍，或甩水泥细砂浆，以增加粘结力

续　表

工艺名称	工艺流程
找平层抹灰	如是砖墙面，在墙面湿水后，用1：3水泥砂浆分层打底做找平层，厚度在12~15mm，按冲筋抹平。随后用木抹子搓毛，干燥天气应洒水养护；如为加气混凝土块，抹底层砂浆前墙面应洒水刷一道界面处理剂，随刷随抹；如是混凝土面，在墙面洒水刷一道界面处理剂，分层抹1：2.5水泥砂浆找平层，厚度为10~12mm，平冲筋面，当厚度超过12mm，应采取钉网格加强措施分层抹压，表面要搓毛并洒水养护
弹线	弹线之前应进行选砖、排砖。分格必须根据施工图纸横竖装饰线，在门窗洞、窗台、挑檐、腰线等部位进行全面安排。排砖时，应特别注意墙角、墙垛、雨篷面、窗台等细部的构造尺寸，按整联锦砖排列出分格线。分格横缝应与窗台、门窗脸相平，竖向分格线要求在阳台及窗口边都为整联排列，这就要依据施工图纸及主体结构实际施工尺寸和锦砖尺寸，精确计算排砖模数，并绘制粘贴锦砖排砖大样作为弹线依据。弹线应在找平层完成并经检查达到合格标准后进行，先按排砖大样，弹出墙面阳角垂线与镶贴上口水平线（两条基线），再按每联锦砖一道，弹出水平分格线；按每联或2~3联锦砖一道，弹出垂直分格线
粘贴（软贴法）	粘贴陶瓷锦砖时，一般自上而下进行。在抹粘结层之前，应在湿润的找平层上刷素水泥浆一遍，抹3mm厚的1：1：2纸筋石灰膏水泥混合浆粘结层。待粘结层用手按压无坑印时，即在其上弹线分格，由于灰浆仍稍软，故称为"软贴法"。同时，将每联陶瓷锦砖铺在木板上（底面朝上），用湿棉纱将锦砖粘结层面擦拭干净，再用小刷蘸清水刷一道。随即在锦砖粘贴面刮一层2mm厚的水泥浆，边刮边用铁抹子向下挤压，并轻敲木板振捣，使水泥浆充盈拼缝内，排出气泡。水泥浆的水灰比应控制在0.3~0.35之间。然后在粘结层上刷水、湿润，将锦砖按线、靠尺粘贴在墙面上，并用木锤轻轻拍敲按压，使其更加牢固
粘贴（硬贴法）	硬贴法是在已经弹好线的找平层上洒水，刮一层厚度在1~2mm的素水泥浆，再按软贴法进行操作。但此法的不足之处是找平层上的所弹分格线被素水泥浆遮盖，锦砖铺贴无线可依
粘贴（干缝洒灰湿润法）	在锦砖背面满撒1：1细砂水泥干灰（混合搅拌应均匀）充盈拼缝，然后用灰刀刮平，并洒水使缝内干灰湿润成水泥砂浆，再按软贴法贴于墙面。贴时应注意缝格内干砂浆应撒填饱满，水湿润应适宜，太干易使缝内部分干灰在提纸时漏出，造成缝内无灰；太湿则锦砖无法提起不能镶贴。此法由于缝内充盈良好，可省去擦缝，揭纸后只需稍加擦拭即可

工艺名称	工艺流程
揭纸	锦砖应按缝对齐，联与联之间的距离应与每联排缝一致，再将硬木板放在已经贴好的锦砖纸面上，用小木锤敲击硬木板，逐联满敲一遍，保证贴面平整。待粘结层开始凝固即可在锦砖护面纸上用软毛刷刷水湿润。护面纸吸水泡开后便可揭纸。揭纸应先试揭。在湿纸水中撒入水泥灰搅匀，能加快纸面吸水速度，使揭纸时间提前。揭纸应仔细按顺序用力向下揭，切忌往外猛揭
调整	揭纸后如有个别小块颗粒掉下应立即补上。如发现"跳块"或"瞎缝"，应及时用钢刀拔开复位，使缝隙横平竖直，填缝后，再垫木拍板将砖面拍实一遍，以增强粘结力。此项工作须在水泥初凝前做完
擦缝、清理	擦缝应先用橡皮刮板，用与镶贴时同品种、同颜色、同稠度的素水泥浆在锦砖上满刮一遍，个别部位须用棉纱蘸浆嵌补。擦缝后素浆严重污染了锦砖表面，必须及时清理清洗。清洗墙面应在锦砖粘结层和勾缝砂浆终凝结后进行

表3-4　　特殊墙面马赛克（如玻璃马赛克）的施工工艺流程

工艺名称	工艺流程
基层处理	将墙面上的松散混凝土、砂浆等杂物清理干净、补好脚手眼，浇水湿润墙面，分层用1∶3水泥砂浆打底找平，砂浆应拍实，用刮尺按冲筋面刮平，木抹子搓粗，阴阳角必须抹得垂直、方正、平整，干燥天气应洒水养护
弹分格线	玻璃锦砖如设计有横向和竖向分格缝，一般按玻璃锦砖每联尺寸308mm×308mm，联间缝隙2mm，排版模数为310mm。每小粒锦砖背面尺寸近似18mm×18mm，粒间间隙也为2mm，每粒铺贴模数可取20mm。窗间墙尺寸排完整联后的尾数若不能被20mm整除，则最后一排锦砖排不下去，只有通过分格缝进行调整
抹结合层	墙面找平层上洒水湿润，刷一遍素水泥浆。随刷随后抹结合层。结合层一般采用1∶1水泥砂浆，3mm厚，也可用1∶0.3水泥纸筋浆，抹厚2~3mm
弹粉线	在结合层上弹粉线。一般每方格以四联锦砖为宜
刮浆闭缝	将锦砖粘贴面平铺在木板上，按水灰比0.32调制水泥浆，用铁抹子将水泥浆刮入锦砖缝隙中，缝隙填满后再在表面刮一层厚1~2mm水泥浆粘结层。若铺白色或浅色锦砖，则粘结层和填缝水泥浆应用白水泥调制
铺贴玻璃锦砖	结合层用手按只留下清晰指纹印时，即可粘贴玻璃锦砖。粘贴时，应对准分格线，从上往下进行，板与板之间留缝2mm

续　表

工艺名称	工艺流程
拍板赶缝	由于水泥浆未凝结有流动性，锦砖上墙后在自重作用下有少许下坠；又因操作误差，联与联之间的横向或竖向缝隙易出现偏差，铺贴后应用木拍板赶缝并进行调整
撕纸	将粘贴锦砖的纸浸湿、湿透，使粘胶溶解后，撕去粘贴纸。撕纸用力应保持与墙面平行，否则易将单粒锦砖撕落
二次闭缝、清洗	撕纸后，锦砖颗粒外露，此时再用水泥浆刮浆闭缝，以免因个别缝隙不饱满而出现空隙。对不直的缝隙应拨缝，使其横平竖直。已拨动的颗粒应垫木板轻敲，使其粘结牢固。闭缝10~20min后，用毛刷蘸水洗刷三遍，最后用清水再冲洗一次

表3-5　　　　　　　　**地面马赛克的施工工艺流程**

工艺名称	工艺流程
基层处理	基层清理干净，并用水洗刷
标筋	在墙面上弹好建筑标高线。在墙四周做灰饼，每隔1.5m冲好筋。厨房及卫生间内陶瓷锦砖的表面应比楼地面建筑标高低20mm，并做好地漏和坡度地面的泛水
铺结合层砂浆	结合层砂浆应用1：3的干硬性水泥砂浆，其干硬程度以手捏成团、落地即散为标准。在这之前应先将基层浇水湿润后晾干，刷一遍水泥素浆，然后摊铺砂浆并用刮尺压实刮平
铺贴	铺贴时，在铺贴部位抹上素水泥稠浆，同时将陶瓷锦砖面刷湿，然后用方尺兜方，拉好控制线按顺序进行铺贴。当铺贴快接近尽头时，应提前量尺预排，提早做调整，避免造成端头缝隙过大或过小。每联陶瓷锦砖之间，如在墙角、镶边和靠墙处应紧密贴合，靠墙处不得采用砂浆填补，如缝隙过大，应裁条嵌齐
拍实	整个房间的铺贴完毕后，由一端开始，用木锤和拍板依次拍平拍实，拍至素水泥浆挤满缝隙为止。同时用水平尺测校标高和平整度
洒水、揭纸	用喷壶洒水至纸面完全浸透，常温下15~25min即可依次把纸面平拉揭掉，并用开刀清除纸毛
拔缝、灌缝	揭纸后，应拉线按先纵后横的顺序用开刀将缝隙拔直，然后用排笔蘸浓水泥浆灌缝，或用1：1水泥拌细砂把缝隙填满，并适当洒水擦平。完成后，应检查缝格的平直、接缝的高低差以及表面的平整度。如不符合要求，应及时做出调整，且全部操作，应在水泥凝结前完成
养护	陶瓷锦砖铺贴完24h后，应洒水洒砂养护4d。在养护期间不得上人

（四）马赛克的选购

在选购马赛克时，应注意以下几点。

（1）在自然光线下，距马赛克半米目测有无裂纹、疵点及缺边、缺角现象，如内含装饰物，其分布面积应占总面积的20%以上，并且分布均匀。

（2）马赛克的背面应有锯齿状或阶梯状沟纹。选用的粘贴剂，除保证粘贴强度外，还应易清洗。此外，粘贴剂还不能损坏背纸或使玻璃马赛克变色。

（3）抚摸其釉面应可以感觉到防滑度，然后看厚度，厚度决定密度，密度高才吸水率低，吸水率低是保证马赛克持久耐用的重要因素。可以把水滴到马赛克的背面，水滴往外溢的质量好，往下渗透的质量差。另外，内层中间打釉通常是品质好的马赛克。

（4）选购时要注意颗粒之间是否同等规格、大小一样，每小颗粒边沿是否整齐，将单片马赛克置于水平地面检验是否平整，单片马赛克背面是否有太厚的乳胶层。

（5）品质好的马赛克包装箱表面应印有产品名称、厂名、注册商标、生产日期、色号、规格、数量和重量（毛重、净重），并应印有防潮、易碎、堆放方向等标志。

纯色马赛克

第七节 市场常用陶瓷砖价格

市场常用陶瓷砖价格见表3-6。

表3-6 市场常用陶瓷砖价格

产品名称	品牌	规格	类型	参考价格（元/片）
赛尚印象复古地砖	诺贝尔	450mm×450mm	釉面砖	35.60
塞尚印象系列地砖	诺贝尔	300mm×300mm	釉面砖	15.20
塞尚印象系列地砖	诺贝尔	450mm×450mm	釉面砖	34.20
诺贝尔地砖	诺贝尔	300mm×300mm	釉面砖	16.20
诺贝尔地砖	诺贝尔	450mm×450mm	釉面砖	37.80
冠军矽晶岩地砖	冠军	300mm×300mm	釉面砖	20.50
冠军地新岩地砖	冠军	300mm×300mm	釉面砖	17.20
冠军地砖	冠军	300mm×300mm	釉面砖	17.20
罗马弗莱克斯地砖	罗马	300mm×300mm	釉面砖	14.20
罗马曲艺地砖	罗马	300mm×300mm	釉面砖	8.00
罗马巴登地砖	罗马	300mm×300mm	釉面砖	8.20
罗马璞琳石地砖	罗马	300mm×300mm	釉面砖	14.20
马可波罗地砖	马可波罗	316mm×316mm	釉面砖	11.00
马可波罗地砖	马可波罗	600mm×600mm	釉面砖	68.00
马可波罗地砖	马可波罗	800mm×800mm	釉面砖	105.00
吉尼斯地砖	吉尼斯	300mm×300mm	釉面砖	10.00
吉尼斯地砖	吉尼斯	600mm×600mm	釉面砖	16.00
蒙娜丽莎地砖	蒙娜丽莎	300mm×300mm	釉面砖	8.20
L&D OLYMPICI石	罗丹	300mm×600mm	釉面砖	80.00
L&D地砖	罗丹	600mm×600mm	釉面砖	69.20
欧神诺水波游戈地砖	欧神诺	300mm×300mm	釉面砖	9.50
奥米茄地砖	奥米茄	300mm×300mm	釉面砖	6.20
奥米茄地砖	奥米茄	500mm×500mm	釉面砖	18.20

产品名称	品　牌	规　格	类　型	参考价格（元/片）
诺贝尔微粉纳米地砖	诺贝尔	600mm×600mm	玻化砖	84.50
诺贝尔微粉纳米地砖	诺贝尔	800mm×800mm	玻化砖	185.00
蒙娜丽莎晶窟石玻化砖	蒙娜丽莎	600mm×600mm	玻化砖	68.00
蒙娜丽莎抛光砖	蒙娜丽莎	600mm×600mm	抛光砖	62.00
蒙娜丽莎微晶石系列	蒙娜丽莎	800mm×800mm	抛光砖	220.00
冠军抛光砖	冠军	600mm×600mm	抛光砖	78.00
冠军抛光砖	冠军	800mm×800mm	抛光砖	152.00
罗丹霓云石玻化砖	罗丹	800mm×800mm	玻化砖	65.00
罗丹天山石玻化砖	罗丹	800mm×800mm	玻化砖	100.00
欧神诺抛光砖地砖	欧神诺	600mm×600mm	抛光砖	77.00
欧神诺抛光砖地砖	欧神诺	800mm×800mm	抛光砖	168.00
诺贝尔聚晶系列玻化地砖	诺贝尔	300mm×300mm	玻化砖	15.20
诺贝尔铂金系列瓷质抛光地砖	诺贝尔	600mm×600mm	抛光砖	85.20
诺贝尔铂金系列瓷质抛光地砖	诺贝尔	800mm×800mm	抛光砖	188.00
塞尚印象系列内墙砖	诺贝尔	250mm×400mm	内墙砖	16.50
诺贝尔内墙砖	诺贝尔	240mm×320mm	内墙砖	15.50
诺贝尔内墙砖	诺贝尔	600mm×300mm	内墙砖	32.00
诺贝尔内墙砖	诺贝尔	450mm×300mm	内墙砖	23.00
诺贝尔内墙砖	诺贝尔	450mm×900mm	内墙砖	120.00
吉尼斯墙砖	吉尼斯	250mm×330mm	内墙砖	3.60
吉尼斯墙砖	吉尼斯	450mm×300mm	内墙砖	8.50
罗马春芽墙砖	罗马	250mm×360mm	内墙砖	7.80
罗马弗莱克斯墙砖	罗马	450mm×300mm	内墙砖	18.20
冠军墙砖	冠军	250mm×330mm	内墙砖	9.20
冠军矽晶岩墙砖	冠军	600mm×300mm	内墙砖	37.00

续　表

产品名称	品　牌	规　格	类　型	参考价格（元/片）
马可波罗墙砖	马可波罗	316mm×450mm	内墙砖	14.20
马可波罗墙砖	马可波罗	330mm×330mm	内墙砖	25.00
马可波罗墙砖	马可波罗	200mm×500mm	内墙砖	16.20
维纳斯复古墙砖	维纳斯	298mm×598mm	内墙砖	17.00
维纳斯内墙砖	维纳斯	250mm×330mm	内墙砖	6.20
L&D高光丽晶石墙砖	罗丹	316mm×450mm	内墙砖	19.80
L&D墙砖	罗丹	110mm×330mm	内墙砖	12.00
欧神诺水波游戈墙砖	欧神诺	300mm×450mm	内墙砖	16.00
欧神诺晓月明珠墙砖	欧神诺	300mm×450mm	内墙砖	18.00
奥米茄墙砖	奥米茄	600mm×300mm	内墙砖	16.50
奥米茄墙砖	奥米茄	450mm×300mm	内墙砖	14.20
奥米茄墙砖	奥米茄	250mm×330mm	内墙砖	6.20
蒙娜丽莎墙砖	蒙娜丽莎	250mm×350mm	内墙砖	5.80
蒙娜丽莎墙砖	蒙娜丽莎	450mm×300mm	内墙砖	14.20
冠军外墙砖	冠军	60mm×200mm	外墙砖	1.60
鑫源外墙砖	鑫源	65mm×220mm	外墙砖	0.80
鑫源外墙砖	鑫源	88mm×188mm	外墙砖	0.76
梅盛外墙砖	梅盛	330mm×330mm	外墙砖	5.80
梅盛外墙砖	梅盛	60mm×200mm	外墙砖	0.50
梅盛外墙砖	梅盛	45mm×195mm	外墙砖	0.38

第四章 装饰骨架材料与装饰线条

第一节 木龙骨

（一）木龙骨的性质

木龙骨架又称为木方，主要由白松、椴木、红松、杉木等树木加工成截面为长方形或方形的木条，也有用木板现做的。

传统的木龙骨多以天然松木为原料，目前1m³的含水率多为15%左右，且遇水易翘曲；而合成木龙骨1m³含水率低于12%，遇水不易翘曲，强度高，与传统木龙骨相比，占有一定的优势。但目前这种合成龙骨的普及率还远远

木龙骨

不如传统龙骨，原因是属于新开发产品，生产厂家少，质量难以保证。

（二）木龙骨的种类

根据使用部位不同而采用不同尺寸的截面，一般用于吊顶、隔墙的主龙骨截面尺寸为50mm×70mm或60mm×60mm；而次龙骨截面尺寸为40mm×60mm或50mm×50mm；用于轻质扣板吊顶和实木地板铺设的龙骨截面尺寸为30mm×40mm或25mm×30mm等。

木龙骨隔墙的施工工艺流程见表4-1。

表4-1　　　　　　　　　　木龙骨隔墙的施工工艺流程

工艺名称	工艺流程
定位放线	根据设计图纸，在室内楼地面上弹出隔墙中心线和边线，并引测至两主体结构墙面和楼底板面，同时弹出门窗洞口线。设计有踢脚线时，弹出踢脚台边线，先施工踢脚台。踢脚台完工后，弹出下槛龙骨安装基准线
骨架固定点	定位线弹好后，如结构施工时已预理了锚件，则应检查锚件是否在墨线内。偏离较大时，应在中心线上重新钻孔，打入防腐木楔；门框边应单独设立筋固定点；隔墙顶部如未预理锚件，则应在中心线上重新钻固定上槛的孔眼；下槛如有踢脚台，则锚件设置在踢脚台上，否则应在楼地面的中心线上重新钻孔
固定木龙骨	靠主体结构墙（柱）的边立筋对准墨线，用圆钉钉牢于防腐木砖（楔）上；将上槛对准线就位，两端顶紧于靠墙立筋顶部钉牢，然后按钻孔眼用金属膨胀螺栓固定；将下槛对准边线就位，两端顶紧于靠墙立筋底部钉牢，然后用金属膨胀螺栓或圆钉固定，或与踢脚台的预埋木砖钉固；紧靠门框立筋的上、下端应分别顶紧上、下槛（或踢脚台）并用圆钉双面斜向钉入槛内，且立筋垂直度检查应合格；量准尺寸，分别等间距排列中间立筋，并在上、下槛上画出位置线。依次在上、下槛之间撑立筋，找好垂直度后，分别与上、下槛钉牢；立筋之间要撑钉横撑，两端分别用圆钉斜向钉牢于立筋上。同一行横撑要在同一水平线上；安装饰面板前，应对龙骨进行防火防蛀处理，隔墙内管线的安装应符合设计要求
铺装饰面板	隔墙木骨架通过隐蔽工程验收后方可铺装饰面板；与饰面板接触的龙骨表面应刨平刨直，横竖龙骨接头处必须平整，其表面平整度不得大于3mm；胶合板背面应进行防火处理。用普通圆钉固定时，钉距为80~150mm，钉帽要砸扁，冲入板面0.5~1.0mm。采用钉枪固定时，钉距为80~100mm；纸面石膏板宜竖向铺设，长边接缝应安装在立筋上。龙骨两侧的石膏板接缝应错开，不得在同一根龙骨上接缝；纤维板如用圆钉固定，钉距为80~120mm，钉长为20~30mm，打扁的钉帽冲入板面0.5mm；硬质纤维板使用前应用水浸透，自然阴干后安装；胶合板、纤维板用木条固定时，钉距不应大于200mm，钉帽打扁后进入木压条0.5~1.0mm；板条隔墙在板条铺钉时的接头，应落在立筋上，其端头及中部每隔一根立筋应用2颗圆钉固定。板条的间隙宜为7~10mm。板条接头应分段交错布置

另外，近年来又出现一种以农作物棉秆为原料的合成木龙骨，它既有木制木龙骨的强度和韧性，又对人体无毒副作用，具有防虫、防蛀、防水、防燃等特点，同时具备了天然木质材料和合成材料的双重优点。

随着"绿色环保"设计理念的深入，近几年木龙骨市场中又出现了一种科技含量较高的龙骨材料，称为防腐木龙骨。

防腐木龙骨经过国外专业木材防腐剂和特殊工艺处理后，具有防真菌、抗白蚁、抗蠹虫、防霉变、抗水生（淡水、海水）寄生虫的寄宿等特点，依据防腐处理等级的高低，使用寿命为30～50年；并且防腐木龙骨都进行过二次干燥，使药剂完全渗透在木材纤维中，让其结构更加稳定、牢固，从而避免防腐木龙骨在使用过程中发生变化；其使用的防腐剂经过真空加压后均匀、稳定地渗透在木纤维中，在自然界使用过程中药剂不溶于水，不会流失。经过特殊工艺处理后的龙骨表面干净，也不会污染衣物和其他物品，对人、动物和植物都很安全，并且不污染环境，环保安全。

（三）木龙骨的选购

通常情况下，我们多选用杉木做基层木龙骨，因为它的木质略带清香，纹理较密，弹性好，不易腐烂，耐得住螺钉、圆钉钉而不裂。

在选择杉木龙骨时，要注意以下几点。

（1）新鲜的木方略带红色，纹理清晰，如果其色彩呈暗黄色，无光泽，说明是朽木。

（2）看所选木方横切面大小的规格是否符合要求，头尾是否光滑、均匀，不能大小不一。

（3）看木方是否平直，如果有弯曲也只能是顺弯，不许呈波浪弯；否则，使用后容易引起结构变形、翘曲。

（4）要选木节较少、较小的杉木方。如果木节大而且多，钉子、螺钉在木节处会拧不进去或者钉断木方，导致结构不牢固，而且容易从木节处断裂。

（5）要选没有树皮、虫眼的木方。树皮是寄生虫栖身之地，有树皮的木方易生蛀虫，有虫眼的也不能使用。如果这类木方用在装修中，蛀虫会吃掉所有能吃的木质。

（6）要选密度大的木方。用手拿有沉重感，用手指甲抠不会有明显的痕迹，用手压木方有弹性，弯曲后容易复原，不会断裂。

（7）最好选择加工结束时间长一些，并且不是露天存放的，这样的龙骨比刚刚加工完的，含水率相对会低一些。

（四）市场常用木龙骨价格

市场常用木龙骨价格见表4-2。

表4-2 　　　　　　　　　市场常用木龙骨价格

产品名称	品　牌	规　格	参考价格
樟子松木龙骨（4根/捆）	典雅	30mm×50mm	53.90元/捆
樟子松木龙骨（4根/捆）	典雅	30mm×40mm	39.80元/捆
白松龙骨（4根/捆）	典雅	30mm×40mm	34.80元/捆
干燥木龙骨	绿峰	28mm×48mm	4.10元/m
四防木龙骨	绿峰	28mm×48mm	5.10元/m
防虫木龙骨	绿峰	28mm×48mm	5.50元/m

第二节 轻钢龙骨

（一）轻钢龙骨的性质

轻钢龙骨是用镀锌钢带或薄钢板轧制经冷弯或冲压而成的。它具有强度高、耐火性好、安装简易、实用性强等优点。

（二）轻钢龙骨的种类

轻钢龙骨基本分为吊顶龙骨和墙体龙骨两大类。吊顶龙骨由承载龙骨（主龙骨）、覆面龙

轻钢龙骨

骨（辅龙骨）及各种配件组成。主龙骨分为38、50和60三个系列：38用于吊点间距900～1200mm不上人吊顶；50用于吊点间距900～1200mm上人吊顶；60用于吊点间距1500mm上人加重吊顶。辅龙骨分为50、60两种，它与主龙骨配合使用。墙体龙骨由横龙骨、竖龙骨及横撑龙骨和各种配件组成，有50、75、100和150四个系列。

轻钢龙骨的施工工艺流程见表4-3。

表 4-3　　　　　　　　　　轻钢龙骨的施工工艺流程

工艺名称	工艺流程
弹线找平	弹线应清晰，位置准确无误。在吊顶区域内，根据顶面设计标高，沿墙面四周弹出吊点位置和复核吊点间距。在弹线前应先找出水平点，水平点距地面为500mm，然后弹出水平线，水平线标高偏差不应大于±5mm，如墙面较长，则应在中间适当增加水平点以供弹出水平线；从水平线量至吊顶设计的高度，用粉线沿墙（柱）弹出定位控制线，即为次龙骨的下皮线；按照图纸，在楼板上弹出主龙骨的位置，主龙骨应从吊顶中心向两边分，最大间距为1000mm，并标出吊杆的固定点，间距为900~1000mm。如遇到梁和管道固定点大于设计和规程要求时，应增加吊杆的固定点
安装吊杆	根据吊顶标高决定吊杆的长度。吊杆长度＝吊顶高度－次龙骨厚度－起拱高度。不上人的吊顶，吊杆长度小于1000mm时，可采用ϕ6的吊杆，如大于1000mm，应采用ϕ8的吊杆，同时要设置反向支撑。吊杆可采用冷拔钢筋和盘圆钢筋，但采用盘圆钢筋应采用机械将其调直；上人的吊顶，吊杆长度小于1000mm时，可采用ϕ8的吊杆，如大于1000mm，应采用ϕ10的吊杆，同时也要设置反向支撑。吊杆的一端与 L 30×30×3角码焊接，另一端可用攻丝套出大于100mm的丝杆，或与成品丝杆焊接。吊杆用膨胀螺栓固定在楼板上，并做好防锈处理。另外，在梁上设置吊挂杆件时，吊挂杆件应通直并有足够的承受能力。当预埋的杆件需要接长时，必须搭接焊牢，焊缝要均匀饱满。吊杆应通直，距主龙骨端部的距离不得大于300mm，否则应增加吊杆。当吊杆遇到阻挡时，应做调整。灯具、检修口等处应附加吊杆
安装边龙骨	边龙骨的安装应按设计要求弹线，沿墙（柱）的水平龙骨线把L形镀锌轻钢条或铝材用自攻螺丝固定在预埋木砖上。如墙（柱）为混凝土，可用射钉固定，但其间距不得大于次龙骨的间距

工艺名称	工艺流程
安装主龙骨	一般情况下，主龙骨应吊挂在吊杆上，间距为900~1000mm。但对于跨度大于15m的吊顶，应在主龙骨上以间距15m附加上一道大龙骨，并垂直于主龙骨焊接牢固。当遇到大型的造型吊顶，造型部分应用角钢或扁钢焊接成框架，并与楼板连接牢固。主龙骨分为轻钢龙骨和T形龙骨，上人吊顶一般使用TC50和UC50的中龙骨，吊点间距900~1200mm；或使用TC60和UC60的大龙骨，吊点间距1500mm。不上人吊顶一般使用TC38和UC38小龙骨，吊点间距900~1200mm。主龙骨的悬臂段不得大于300mm，否则应增加吊杆。主龙骨的接长应采用对接，相邻龙骨的对接接头要相互错开。主龙骨安装后应及时校正其位置标高、主龙骨位置及平整度。连接件应错位安装，待平整度满足设计与规范要求后，才可进行次龙骨安装。吊顶如设置检修道，应另设附加吊挂系统。将ϕ10的吊杆与长度为1200mm的$\llcorner$45×5角钢横担用螺栓连接，其横担间距为1800~2000mm。在横担上铺设走道，走道宽度在600mm左右，可用两根6号槽钢作为边梁，边梁之间每隔100mm焊接ϕ10钢筋做为走道板
安装次龙骨和横撑龙骨	次龙骨应紧贴住龙骨安装。次龙骨间距300~600mm。用T形镀锌铁片连接件把次龙骨固定在主龙骨上时，次龙骨的两端应搭在L形边龙骨的水平翼缘上。墙上应预先标出次龙骨中心线的位置，以便安装饰面板时找到次龙骨的位置。当用自攻螺钉安装板材时，板材接缝处必须安装在宽度不小于40mm的次龙骨上。次龙骨不得搭接。在通风、水电等洞口周围应附加龙骨，附加龙骨的连接用抽芯铆钉锚固。横撑龙骨应用连接件将其两端连接在通长龙骨上。龙骨之间的连接一般采用连接件连接，有些部位可采用抽芯铆钉连接。最后全面校正次龙骨的位置及平整度，连接件应错位安装
安装饰面板（纸面石膏板）	固定时应在自由状态下固定，防止出现弯棱、凸鼓的现象；还应在棚顶四周封闭的情况下安装固定，防止板面受潮变形。纸面石膏板的长边（即包封边）应沿纵向次龙骨铺设；自攻螺钉至纸面石膏板的长边的距离以10~15mm为宜；切割的板边以15~20mm为宜。自攻螺钉的间距以150~170mm为宜，板中螺钉间距不得大于200mm。螺钉应与板面垂直，已弯曲、变形的螺钉不允许使用。如在使用中造成螺钉弯曲、变形的，应及时剔除，并在相隔50mm的位置另安螺钉。螺钉的钉头应略埋入板面，但不得损坏板面，钉眼应做防锈处理并用石膏腻子抹平。纸面石膏板与龙骨固定，应从一块板的中间向板的四边进行固定，不允许多点同时作业。在安装双层石膏板时，面层板与基层板的接缝应错开，不允许在一根龙骨上接缝

工艺名称	工艺流程
安装饰面板（埃特板）	龙骨间距、螺钉与板边的距离及螺钉间距等应满足设计要求和产品要求。埃特板与龙骨固定时，所用手电钻钻头的直径应比选用的螺钉直径小0.5~1.0mm。固定后，钉帽应做防锈处理，并用油性腻子嵌平。用密封膏、石膏腻子或掺界面剂胶的水泥沙浆嵌涂板缝并刮平，硬化后用砂纸磨光，板缝宽度应小于50mm
安装饰面板（钙塑板）	当采用钉固法安装时，螺钉至板边的距离不得小于15mm，螺钉间距宜为150~170mm，均匀布置，并与板面垂直，钉帽应做防锈处理，用与板面颜色相同的涂料或石膏腻子抹平。当用粘接法安装时，胶粘剂应涂抹均匀，不得漏涂
安装饰面板（矿棉装饰吸声板）	在房间内湿度过大时不得进行安装。安装前应预先排版，保证花样、图案的整体性。安装时，吸声板上不得放置其他材料，防止板材受压变形
安装饰面板（铝塑板）	一般采用单面铝塑板，根据设计要求，裁成需要的形状，用胶贴在事先封好的底板上，根据设计要求留出适当的板缝。胶粘剂粘贴时，应先用美纹纸带将饰面板保护好，待封闭胶打好后，撕去美纹纸带，清理板面
安装饰面板（金属条、方扣板）	条板式吊顶龙骨一般可直接吊挂，也可增加主龙骨，主龙骨间距不大于1000mm，条板式吊顶的龙骨形式与条板配套。金属板吊顶与四周墙面所留的空隙，以内感金属压条与吊顶找齐，金属压缝条的材质应与金属板相同

（三）轻钢龙骨的选购

在选购轻钢龙骨时，应注意以下几点。

（1）轻钢龙骨外形要笔直、平整，棱角清晰，没有破损或凹凸等瑕疵，在切口处不允许有毛刺和变形而影响使用。

（2）轻钢龙骨外表的镀锌层不允许有起皮、起瘤、脱落等质量缺陷。

（3）优等品不允许有腐蚀、损伤、黑斑、麻点；一等品或合格品要求没有较严重的腐蚀、损伤、黑斑、麻点，且面积不大于$1cm^2$的黑斑每米内不多于三处。

（4）家庭吊顶轻钢龙骨主龙骨采用50系列完全够用，其镀锌板材的壁厚不应小于1mm。不要轻易相信商家"规格大质量才好"的谎言。

（四）市场常用轻钢龙骨价格

市场常用轻钢龙骨价格见表4-4。

表4-4　　　　　　　　　市场常用轻钢龙骨价格

产品名称	规　格	参考价格	产品名称	规　格	参考价格
特纳	75横	18.00元/根	华阳	38主	1.80元/m
杰科	75竖	9.30元/m	金桥吉庆	50辅	2.80元/m
恒丰	38主	2.80元/m	裕丰	75竖	4.40元/m
华阳	50主	3.30元/m	可耐福	50主	8.80元/m

第三节　铝合金龙骨

（一）铝合金龙骨的种类

常用铝合金龙骨一般为T形，根据面板的安装方式不同，分为龙骨底面外露和不外露两种，并有专用配件供安装时使用。另外，还有槽形铝合金龙骨。铝合金型材具有质地牢固、坚硬，色泽美观，不生锈等优点。

铝合金龙骨的施工工艺流程见表4-5。

近年来市场上出现了烤漆饰面铝合金骨架，以彩色线条加以装饰，效果非常不错，称之为烤漆龙骨。随着铝合金材料的开发，其他材质也相继推出了烤漆龙骨系列，所以目前市场上所销售的烤漆龙骨有

铝合金龙骨

铝合金、钢板等多种材质，在选购时要按照需求来选择，不要一味地追求高价格的材料。

表 4-5 铝合金龙骨的施工工艺流程

工艺名称	工艺流程
弹线找平	弹线应清晰，位置准确无误。在吊顶区域内，根据顶面设计标高，沿墙面四周弹出吊点位置和复核吊点间距。在弹线前应先找出水平点，水平点距地面为500mm，然后弹出水平线，水平线标高偏差不应大于±5mm，如墙面较长，则应在中间适当增加水平点以供弹出水平线；从水平线量至吊顶设计的高度，用粉线沿墙（柱）弹出定位控制线，即为次龙骨的下皮线；按照图纸，在楼板上弹出主龙骨的位置，主龙骨应从吊顶中心向两边分，最大间距为1000mm，并标出吊杆的固定点，间距为900~1000mm。如遇到梁和管道固定点大于设计和规程要求时，应增加吊杆的固定点
安装吊杆	根据吊顶标高决定吊杆的长度。吊杆长度＝吊顶高度－次龙骨厚度－起拱高度。不上人的吊顶，吊杆长度小于1000mm时，可采用φ6的吊杆，如大于1000mm，应采用φ8的吊杆，同时要设置反向支撑。吊杆可采用冷拔钢筋和盘圆钢筋，但采用盘圆钢筋应采用机械将其调直；上人吊顶，吊杆长度小于1000mm时，可采用φ8的吊杆，如大于1000mm，应采用φ10的吊杆，同时也要设置反向支撑。吊杆的一端与∟30×30×3角码焊接，另一端可用攻丝套出大于100mm的丝杆，或与成品丝杆焊接。吊杆用膨胀螺栓固定在楼板上，并做好防锈处理。另外，在梁上设置吊挂杆件时，吊挂杆件应通直并有足够的承受能力。当预埋的杆件需要接长时，必须搭接焊牢，焊缝要均匀饱满。吊杆应通直，距主龙骨端部的距离不得大于300mm，否则应增加吊杆。当吊杆遇到阻挡时，应做调整。灯具、检修口等处应附加吊杆
安装边龙骨	边龙骨的安装应按设计要求弹线，沿墙（柱）的水平龙骨线把L形镀锌轻钢条或铝材用自攻螺钉固定在预埋木砖上。如墙（柱）为混凝土，可用射钉固定，但其间距不得大于次龙骨的间距
安装主龙骨	一般情况下，主龙骨应吊挂在吊杆上，间距为900~1000mm。但对于跨度大于15m的吊顶，应在主龙骨上以间距15m附加上一道大龙骨，并垂直于主龙骨焊接牢固。当遇到大型的造型吊顶，造型部分应用角钢或扁钢焊接成框架，并与楼板连接牢固。主龙骨分为轻钢龙骨和T形龙骨，上人吊顶一般使用TC50和UC50的中龙骨，吊点间距900~1200mm；或使用TC60和UC60的大龙骨，吊点间距1500mm。不上人吊顶一般使用TC38和UC38小龙骨，吊点间距900~1200mm。主龙骨的悬臂段不得大于300mm，否则应增加吊杆。主龙骨的接长应采用对接，相邻龙骨的对接接头要相互错开。主龙骨安装后应及时校正其位置标高、主龙骨位置及平整度。连接件应错位安装，待平整度满足设计与规范要求后，才可进行次龙骨安装。吊顶如设置检修道，应另设附加吊挂系统。将φ10的吊杆与长度为1200mm的∟45×5角钢横担用螺栓连接，其横担间距1800~2000mm。在横担上铺设走道，走道宽度在600mm左右，可用两根6号槽钢作为边梁，边梁之间每隔100mm焊接φ10钢筋做为走道板

工艺名称	工艺流程
安装次龙骨和横撑龙骨	次龙骨应紧贴住龙骨安装。次龙骨间距300~600mm。次龙骨分为T形烤漆龙骨和T形铝合金龙骨，或各种条形扣板配带的专用龙骨。用T形镀锌铁片连接件把次龙骨固定在主龙骨上时，次龙骨的两端应搭在L形边龙骨的水平翼缘上。横撑龙骨应用连接件将其两端连接在通长龙骨上。明龙骨系列的横撑龙骨搭接处的间隙不得大于1mm。龙骨之间的连接一般采用连接件连接，有些部位可采用抽芯铆钉连接。最后全面校正次龙骨的位置及平整度，连接件应错位安装
安装罩面板（装饰石膏板）	装饰石膏板一般采用铝合金T形龙骨，龙骨安装完成合格后，取出装饰石膏板放入隔栅中，用小橡皮锤轻轻敲击装饰石膏板边缘，使石膏板在铝合金龙骨中搁置牢固、平稳
安装罩面板（矿棉装饰吸声板）	其规格一般分为600mm×600mm，600mm×1200mm两种。面板直接搁于龙骨上。安装时，应有定位措施，应注意板背面的箭头方向和白线方向一致，以保证花样、图案的整体性；饰面板上的灯具、烟感器、喷淋等设备的位置应合理美观，与饰面板交接应严密吻合
安装罩面板（硅钙板、塑料板）	其规格一般为600mm×600mm，直接搁置于龙骨上即可。安装时，应注意板背面的箭头方向和白线方向一致，以保证花样、图案的整体性；饰面板上的灯具、烟感器、喷淋等设备的位置应合理美观，与饰面板交接应严密吻合

（二）铝合金龙骨的选购

在选购铝合金龙骨时，一定要注意其硬度和韧度。因为铝合金龙骨的硬度和韧度都比轻钢龙骨高，如不到达硬度标准，容易造成天花板在安装过程中下沉、变形，还不如选择轻钢龙骨；但其缺点是成本偏高。

钢板烤漆龙骨质量鉴别见表4-6。

表4-6　　　　　　　　　　钢板烤漆龙骨质量鉴别

项　目	优质龙骨	劣质龙骨
防锈处理	先镀锌再烤漆	冷轧板直接烤漆
生产过程	大钢厂烤漆，无色差	小钢厂烤漆或印刷涂装，有色差
烤漆外观	亚光，质地细腻	光亮漆，表面有杂质或起泡

（三）市场常用铝合金龙骨价格

市场常用铝合金龙骨价格见表4-7。

表4-7 市场常用铝合金龙骨价格

产品名称	参考价格	产品名称	参考价格
中北	11.50元/m²	东立	5.50元/m²
阿姆斯壮	14.00元/m²	裕丰	6.20元/m²
裕丰（凹面）	8.20元/m²	丰华	6.50元/m²

第四节 木 线

（一）木线的种类

木质线条造型丰富，式样雅致，做工精细。从形态上，一般分为平板线条、圆角线条、槽板线条等。主要用于木质工程中的封边和收口，可以与顶面、墙面和地面完美地配合，也可用于门窗套、家具边角、独立造型等构造的封装修饰。

木线

木质线条从材料上，又分为实木线条和复合线条。实木线条是选用硬质、组织细腻、材质较好的木材，经干燥处理后，用机械加工或手工加工而成。实木线条纹理自然浑厚，尤其是名贵木材，成本较高。其特点主要表现为表面光滑，棱角、棱边、弧面、弧线挺直、圆润、轮廓分明，耐磨、耐腐蚀、不易劈裂、上色性好、易于固定等。制作实木线的主要树种多为柚木、山毛榉、白木、水曲柳、椴木等。

复合线条是以纤维密度板为基材，表面通过贴塑、喷涂形成丰富的色彩及纹理。不同木线都有各自的特点，具体如下。

（1）美国黑胡桃木线，纹理、孔眼特别细，材质重一些。

（2）加拿大、印尼黑胡桃木线，纹路较粗，材质较轻。

（3）椴木线，蒸汽烘干颜色发浅黄色，质量比较可靠；自然烘干或土窑里烘干，颜色发白、发青，质量没有保证。

（4）杨木线木质较硬，颜色发白，木线表面容易起毛，不易打磨，没有光泽，尤其效果不佳。

（5）松木线颜色浅黄，木纹明显，不易刨光，干燥不过关，容易渗油脂，不是理想的混油木线。

（二）木线的选购

装饰木线在室内装饰中虽不占主要地位，但它起到画龙点睛的作用。如果选购的木线有质量问题，会影响到整个装修效果。在购买木线产品时，应注意以下几点。

（1）选择合格证、正规标签、电脑条码三者齐全的产品，并可向经销商索取检验报告。

（2）选购木制装饰线条时，应注意含水率必须达11%～12%。

（3）木线分未上漆木线和上漆木线。选购未上漆木线，应首先看整根木线是否光洁、平实，手感是否顺滑、有无毛刺。尤其要注意木线是否有节子、开裂、腐朽、虫眼等现象；选购上漆木线，可以从背面辨别木质、毛刺多少，仔细观察漆面的光洁度，上漆是否均匀，色度是否统一，有否有色差、变色等现象。

（4）提防以次充好。木线也分为清油木线和混油木线两类。清油木线对材质要求较高，市场售价也较高；混油木线对材质要求相对较低，市场售价也比较低。

（5）季节不同，购买木线时也要注意。夏季时，尽量不要在下雨或雨后一两天内购买；冬季时，木线在室温下会脱水，产生收缩变形，购买时尺寸要略宽于所需木线宽。

（三）市场常用木线价格

市场常用木线价格见表4-8。

表4-8 市场常用木线价格

产品名称	品 牌	规 格	参考价格
沙比利平线	典雅	25mm×6mm	4.50元/m
榉木平线	典雅	60mm×12mm	8.90元/m

续 表

产品名称	品 牌	规 格	参考价格
樱桃半圆线	典雅	25mm×8mm	11.00元/m
黑胡桃半圆线	典雅	25mm×8mm	12.60元/m
缅甸金丝柚平板线	龙升	25mm×5mm	4.80元/m
刚果沙比利平板线	龙升	45mm×5mm	7.60元/m
红樱桃阴角线	佑鑫	18mm×18mm	5.90元/m
柚木阴角线	佑鑫	18mm×18mm	7.50元/m
密度板门套线	典雅	60mm×10mm×2400mm	11.30元/根
樟松门套线	建华	60mm×12mm×2000mm	9.80元/根

第五节 石膏线

（一）石膏线的性质

石膏线条以石膏为主，加入骨胶、麻丝、纸筋等纤维，增强石膏的强度，可用于室内墙体构造角线、柱体的装饰。优质石膏线条的浮雕花纹凸凹应在10mm以上，花纹制作精细，具有防火、阻燃、防潮、质轻、强度高、不变形、施工方便、加工性能和装饰效果好等特点。

素石膏线

（二）石膏线的选购

目前，市场上出售的石膏线所用石膏质量存在着很大的差异。好的石膏线洁白细腻，光亮度高，手感平滑，干燥结实，背面平整，用手指弹击有清脆响声；而一些劣质石膏线是用石膏粉加增白剂制成的，颜色发青；还有用含水量大并且没有完全干透的石膏制成的石膏线。这些劣质石膏线硬度、强度大打折扣，使用后会发生扭曲变形，甚至断裂。

在选择石膏线时，应注意以下几点。

（1）选择石膏线最好看其断面，成品石膏线内要铺数层纤维网，这样的石膏附着在纤维网上，就会增加石膏线的强度。劣质石膏线内铺网的质量差，不满铺或层数很少，甚至以草、布代替，这样都会减弱石膏线的附着力，影响石膏线质量。而且容易出现边角破裂，甚至断裂的现象。

（2）看图案花纹的深浅。一般石膏线的浮雕花纹凹凸应在10mm以上，并且制作精细。因为在安装完毕后，还需要经表面的刷漆处理，由于其属于浮雕性质，表面的涂料占有一定的厚度，如果浮雕花纹的凹凸小于10mm，那么装饰出来的效果很难保证有立体感，就好似一块平板，从而失去了安装石膏线的意义。

（3）看表面的光洁度。由于安装石膏线后，在刷漆时不能再进行打磨等处理，因此对表面光洁度的要求较高。只有表面细腻、手感光滑的石膏线安装刷漆后，才会有好的装饰效果。如果表面粗糙、不光滑，安装刷漆后就会给人一种粗糙、破旧的感觉。

（4）看产品厚薄。石膏属于气密性胶凝材料，因此石膏线必须具有相应厚度，才能保证其分子间的亲和力达到最佳程度，从而保证一定的使用年限和在使用期内的完整、安全。如果石膏线过薄，不仅使用年限短，而且容易造成安全隐患。

（5）看价格高低。由于石膏线的加工属于普及性产业，相对的利润差价不是很高，所以可以说是一分钱一分货。与优质石膏线的价格相比，低劣的石膏线价格便宜1/3至1/2。这一低廉价格虽对用户具有吸引力，但往往在安装使用后便明显露出缺陷，造成遗憾。

描彩石膏线

由于石膏线的技术门槛低，所以在购买时对于是否是品牌的问题可以忽略不计。目前公认较好的石膏线品牌是太平洋，但价格比较高，常用的一般从20元至60元不等。其他牌子的石膏线，由低到高，从5元至15元不等。

第六节 金属线条

金属线条种类繁多，价格偏高，一般使用铁、铜、不锈钢、铝合金等装饰性强的金属材料制作。金属线条具有防火、轻质、高强度、耐磨等特点，其表面一般经氧化着色处理，可制成各种不同颜色。

金属线条在室内装修中常用于局部的装饰，如铁艺门窗、不锈钢楼梯扶手、家具边角、装饰画框等。

第五章 装饰板材

第一节 细木工板

（一）细木工板的性质

细木工板又称为大芯板、木芯板，它是利用天然旋切单板与实木拼板经涂胶、热压而成的板材。从结构上看，它是在板芯两面贴合单板构成的，板芯则是由木条拼接而成的实木板材。其竖向（以芯材走向区分）抗弯压强度差，但横向抗弯压强度较高。细木工板具有规格统一、加工性强、不易变形、

细木工板

可粘贴其他材料等特点，是室内装饰装修中常用的木材制品。

（二）细木工板的种类

细木工板从加工工艺上可分为两类，一类是手工板，是用人工将木条镶入夹层之中，这种板持钉力差、缝隙大，不宜锯切加工，一般只能整张使用，如做实木地板的垫层等；另一类是机制板，质量优于手工板，质地密实，夹层树种持钉力强，可用于做各种家具等。但有些小厂家生产的机制板板内空洞多，粘结不牢固，质量很差。

（三）细木工板的应用

目前，木芯板被大量使用于室内装饰装修中，可用作各种家具、门窗套、暖气罩、窗帘盒、隔墙及基层骨架制作等。其规格为1220mm×2440mm，厚度为12、15、18mm。

细木工板截面

（四）细木工板的选购

细木工板的工艺要求很高，不仅需要足够的场地让木材有充足的时间进行适应性自然干燥，而且还要通过干燥窑进行严格的干燥工艺控制。尤其是国家强制实行装饰装修有害物质限量达标之后，用于大芯板的胶粘剂必须进行改进，仅此一项成本就增加不少，而且原材料价格还在不断提升。因此，由于成本的限制，市场上售价低于80元的细木工板一定不要购买。盲目追求便宜，会给人体的健康带来危害。不少商家为了谋取利润，以各种手法蒙骗消费者，因此在选购时，应注意以下几点。

（1）细木工板的质量等级分为优等品、一等品和合格品。细木工板出厂前，应在每张板背右下角加盖不褪色的油墨标记，表明产品的类别、等级、生产厂代号、检验员代号；类别标记应当标明室内、室外字样。如果这些信息没有或者不清晰，消费者就要注意了。

（2）外观观察，挑选表面平整，节疤、起皮少的板材；观察板面是否有起翘、弯曲，有无鼓包、凹陷等；观察板材周边有无补胶、补腻子现象。查看芯条排列是否均匀整齐，缝隙越小越好。板芯的宽度不能超过厚度的2.5倍，否则容易变形。

（3）用手触摸，展开手掌，轻轻平抚木芯板板面，如感觉到有毛刺扎手，则表明质量不高。

（4）用双手将细木工板一侧抬起，上下抖动，倾听是否有木料拉伸断裂的声音，有则说明内部缝隙较大，空洞较多。优质的细木工板应有一种整体感、厚重感。

（5）从侧面拦腰锯开后，观察板芯的木材质量是否均匀整齐，有无腐朽、断裂、虫孔等，实木条之间缝隙是否较大。

（6）将鼻子贴近细木工板剖开截面处，闻一闻是否有强烈刺激性气味。如果细木工板散发清香的木材气味，说明甲醛释放量较少；如果气味刺鼻，说明甲醛释放量较多，还是不要购买。

（7）在购买后，装车时要注意检查装车的细木工板是否与销售时所看到的样品一致，防止不法商家"偷梁换柱"。

（8）要防止个别商家为了销售伪劣产品有意混淆E1级和E2级的界线。细木工板根据其有害物质限量分为E1级和E2级两类，其有害物质主要是甲醛。家庭装饰装修只能使用E1级的细木工板，E2级的细木工板即使是合格产品，其甲醛含量也可能要超过E1级大芯板3倍多。

（9）向商家索取细木工板检测报告和质量检验合格证等文件。细木工板的甲醛含量应不大于1.5mg/L，才可直接用于室内，而甲醛含量不大于5mg/L的细木工板必须经过饰面处理后才允许用于室内。所以，购买时一定要问清楚是不是符合国家室内装饰材料标准，并且在发票上注明。

（五）市场常用细木工板价格

市场常用细木工板价格见表5-1。

表5-1　　　　　　　　　市场常用细木工板价格

产品名称	品牌	规　格	参考价格（元/张）
福春优质东北木材细木工板	福春	2440mm×1220mm×18mm	135.00
福春无甲醛精品细木工板	福春	2440mm×1220mm×18mm	170.00

续表

产品名称	品牌	规　格	参考价格（元/张）
福春细木工板	福春	2440mm×1220mm×12mm	115.00
福春细木工板	福春	2440mm×1220mm×15mm	122.00
福春细木工板	福春	2440mm×1220mm×18mm	130.00
鹏鸿杨木中板特一等细木工板	鹏鸿	2440mm×1220mm×18mm	128.00
鹏鸿柳桉中板环保特优等细木工板	鹏鸿	2440mm×1220mm×18mm	142.00
鹏鸿无醛胶山桂花面细木工板	鹏鸿	2440mm×1220mm×18mm	155.00
全富E1一等细木工板	全富	2440mm×1220mm×18mm	130.00
全富精品无醛胶细木工板	全富	2440mm×1220mm×18mm	180.00
富春一级细木工板	富春	2440mm×1220mm×18mm	80.00
富春特级细木工板	富春	2440mm×1220mm×15mm	88.00
富春特级细木工板	富春	2440mm×1220mm×18mm	105.00
福津EO级细木工板	福津	2440mm×1220mm×18mm	160.00
福津无醛胶细木工板	福津	2440mm×1220mm×18mm	140.00
森鹿杉木细木工板杉木	森鹿	2440mm×1220mm×15mm	118.00
森鹿杉木细木工板杉木	森鹿	2440mm×1220mm×16.5mm	125.00
森鹿杉木细木工板杉木	森鹿	2440mm×1220mm×18mm	145.00

第二节　胶合板

（一）胶合板的性质

胶合板是由木段旋切成单板或木方刨成薄木，再用胶粘剂胶合而成的三层或三层以上的板状材料。为了尽量改善天然木材各向异性的特性，使胶合板特性均匀、形状稳定，制作胶合板时，其单板厚度、树种、含水率、木纹方向及制作方法都应该相同。层

胶合板

数必须为奇数，如三、五、七、九合板等，以使各种内应力平衡。

（二）胶合板的种类

我国国家标准规定，普通胶合板按树种分为针叶材胶合板和阔叶材胶合板；按胶层的耐水性及耐久性可分成四类胶合板。国产胶合板的等级标志分别为一等、二等、三等和等外；进口的胶合板则用"AA""BB""CC""DD"表示一、二、三、四等。如果是其他印记，则很有可能是鼓泡或脱胶板，挑选时务必请注意这一点。

常用胶合板的类别和特点见表5-2。

表5-2　　　　　　　　常用胶合板的类别和特点

类　别	属　性	特　点
一类胶合板	耐气候、耐沸水胶合板	具有耐久、耐煮沸或蒸汽处理和抗菌等性能。是由酚醛树脂胶或其他性能相当的胶粘剂胶合而成。该产品适用于航空、船舶、车厢制造、混凝土模板或要求耐水性良好的木制品构件上
二类胶合板	耐水胶合板	能在冷水中浸渍，能经受短时间热水浸渍，并具有抗菌等性能，但不耐煮沸。是由脲醛树脂胶或其他性能相当的胶粘剂胶合而成。适用于车厢、船舶、家具制造及室内装修等，以及其他室内用途的木制品上
三类胶合板	耐潮胶合板	能耐短时间冷水浸渍。是由低树脂含量的脲醛树脂胶、血胶或性能相当的胶粘剂胶合而成，适用于家具制造、包装等室内用途的木制品上
四类胶合板	不耐潮胶合板	具有一定的胶合强度，是由豆胶或其他性能相当的胶粘剂胶合而成。主要用于包装及一般室内用途的木制品上

注　以上四类胶合板中，二类胶合板为常用胶合板，一类胶合板次之，而三、四类胶合板极少使用。

（三）胶合板的应用

由于胶合板有变形小、施工方便、不翘曲、横纹抗拉力学性能好等优点。在室内装修中胶合板主要用于木质制品的背板、底板等。由于厚薄尺度多样，质地柔韧、易弯曲，也可配合木芯板用于结构细腻处，弥补木芯厚度均一的缺陷，使用范围比较广泛。其规格为1220mm×2440mm，厚度分别为3、5、7、9mm等。

（四）胶合板的选购

在室内装饰装修中，由于使用的位置不同，胶合板的规格、厚度不同，在选购之前要做好预算，列好清单，避免不必要的浪费。在挑选时，应注意以下几点。

（1）胶合板要木纹清晰，正面光洁平滑，不毛糙，要平整无滞手感。夹板有正反两面的区别。

（2）胶合板不应有破损、碰伤、硬伤、疤节等疵点。长度在15mm之内的树脂囊、黑色灰皮每平方米要少于4个；长度在150mm、宽度在10mm的树脂漏每平方米要少于4条；角质节（活节）的数量要少于5个，且面积小于15mm^2；没有密集的发丝干裂现象以及超过200mm×0.5mm的裂缝。

（3）双手提起胶合板一侧，能感受到板材是否平整、均匀，有无弯曲起翘的张力。

（4）个别胶合板是将两个不同纹路的单板贴在一起制成的，所以要注意胶合板拼缝处是否应严密，是否有高低不平现象。

（5）要注意已经散胶的胶合板。如果手敲胶合板各部位时，声音发脆，则证明质量良好。若声音发闷，则表示胶合板已出现散胶现象。或用一根50cm左右的木棒，将胶合板提起轻轻敲打各部位，声音匀称、清脆的基本上是上等板；如发出"壳壳"的哑声，就很可能是因脱胶或鼓泡等引起的内在质量毛病。这种板只能当里衬板或顶底板用，不能作为面料。

（6）胶合板应该没有明显的变色及色差，颜色统一，纹理一致。注意是否有腐朽变质现象。

（7）挑选时，要注意木材色泽与家具油漆颜色相协调。一般水曲柳、椴木夹板做淡黄色、荸荠色家具都可，但柳安夹板有深浅之分，浅色涂饰没有什么问题，但深色的只可制作荸荠色家具，而不宜制作淡黄色家具，否则家具色泽发暗。尽管深色可用氨水洗一下，但处理后效果不够理想，家具使用数年后，色泽仍会变色发深。

（8）向商家索取胶合板检测报告和质量检验合格证等文件，胶合板的甲醛含量应不大于1.5mg/L，才可直接用于室内；而甲醛含量不大于5mg/L的胶合板必须经过饰面处理才允许用于室内。

（五）市场常用胶合板价格

市场常用胶合板价格见表5-3。

表5-3　　　　　　　　市场常用胶合板价格

产品名称	品　牌	规　格	参考价格（元/张）
福津环保胶合板	福津	2440mm×1220mm×12mm	90.00
福津环保胶合板	福津	2440mm×1220mm×9mm	78.00
福津环保胶合板	福津	2440mm×1220mm×5mm	55.00
福津环保胶合板	福津	2440mm×1220mm×3mm	37.00
佳佳柳桉胶合板	佳佳	2440mm×1220mm×12mm	128.00
佳佳柳桉胶合板	佳佳	2440mm×1220mm×9mm	95.00
佳佳柳桉胶合板	佳佳	2440mm×1220mm×5mm	68.00
佳佳柳桉胶合板	佳佳	2440mm×1220mm×3mm	42.00
鼎高柳桉胶合板	鼎高	2440mm×1220mm×12mm	110.00
鼎高柳桉胶合板	鼎高	2440mm×1220mm×9mm	85.00
鼎高柳桉胶合板	鼎高	2440mm×1220mm×5mm	60.00
鼎高柳桉胶合板	鼎高	2440mm×1220mm×3mm	36.00
兔宝宝EO级胶合板	兔宝宝	2440mm×1220mm×12mm	180.00
兔宝宝EO级胶合板	兔宝宝	2440mm×1220mm×9mm	140.00
兔宝宝EO级胶合板	兔宝宝	2440mm×1220mm×5mm	90.00
兔宝宝EO级胶合板	兔宝宝	2440mm×1220mm×3mm	70.00
通力柳安杂木胶合板	通力	2440mm×1220mm×12mm	132.00
通力柳安杂木胶合板	通力	2440mm×1220mm×9mm	110.00
通力柳安杂木胶合板	通力	2440mm×1220mm×5mm	72.00
通力柳安杂木胶合板	通力	2440mm×1220mm×3mm	50.00
兔宝宝胶合板	兔宝宝	2440mm×1220mm×12mm	135.00
兔宝宝胶合板	兔宝宝	2440mm×1220mm×9mm	110.00
兔宝宝胶合板	兔宝宝	2440mm×1220mm×5mm	76.00
兔宝宝胶合板	兔宝宝	2440mm×1220mm×3mm	52.00

第三节 薄木贴面板

（一）薄木贴面板的性质

薄木贴面板（市场上称为装饰饰面板）是胶合板的一种，是新型的高级装饰材料，利用珍贵木料，如紫檀木、花樟、楠木、柚木、水曲柳、榉木、胡桃木、影木等通过精密刨切制成厚度为0.2～0.5mm的微薄木片，再以胶合板为基层，采用先进的胶粘剂和粘结工艺制成。

适于制造薄木的树种很多，一般要求结构均匀，纹理通直、细致，能在径切或弦切面形成美丽的木纹。有的为了要特殊花纹而选用树木根段的树瘤多的树种，以易于进行切削、胶合和涂饰等加工。

黑胡桃装饰饰面板

（二）薄木贴面板的种类

常用的国产树种有水曲柳、桦木、椴木、樟木、酸枣、苦楝、梓木、拟赤杨、绿南、龙南、榉木等。进口的树种有柚木、花梨木、桃花心木、枫木、榉木、橡木等。

常用饰面板的特点介绍如下。

（1）水曲柳。水曲柳饰面板又分直纹曲柳和大花曲柳两种。直纹曲柳，就是水曲柳的纹路是一排排垂直排列的，大花曲柳也就是我们通常见到的纹路，像水波纹一样，有流动感。水曲柳纹路复杂，颜色显黄显黑，价格偏低。市场上一张水曲柳饰面板的价格一般在30元左

水曲柳装饰饰面板

右，如运用得当，处理得法，也不失为一种实用的装饰板材的选择。

（2）红榉木。红榉木饰面板的表面没有明显的纹理，只有一些细小的针尖状小点。红榉木的颜色一般偏红，纹理轻细、颜色统一，并且视觉效果好，价格适中，一张红榉木饰面板的价格在40元左右，顺应了人们追求简洁、明快、舒适的装修理念。

（3）橡木、枫木和白榉木。橡木饰面板纹路比枫木饰面板的纹路小；枫木的纹路和水曲柳的纹路相近；白榉木饰面板和红榉木饰面板纹路一样，只不过颜色发白，基本上和橡木饰面板、枫木饰面板一样。但是，与这三种饰面板相配的实木线条相当难找，一般多用白木线条或漂白后的水曲柳线条来为这些饰面板收边。

红榉木装饰饰面板　　　　　　　　　　白榉木装饰饰面板

因此在家庭装修中大面积用这些饰面板来装饰的情况比较少，但可以用它们进行小范围的点缀，例如，卧室门、壁柜门可以用白榉或枫木装饰中间部分，四周用红榉加框。橡木、枫木等饰面板小面积点缀效果较佳。

（三）薄木贴面板的应用

装饰饰面板具有花纹美观、装饰性好、真实感强、立体感突出等特点，是目前室内装饰装修工程中常用的一类装饰面材。装饰饰面板在装修中起着举足

沙比利装饰饰面板

轻重的作用，使用范围广泛，门、家具、墙面上都会用到，可用作墙壁、木质门、家具、踢脚线等的表面饰材，而且种类众多，在色泽与花纹上都具有很大的选择性。

木板饰面板施工工艺流程见表5-4。

表5-4　　　　　　　　　　木板饰面板施工工艺流程

工艺名称	工艺说明
弹线分格	根据轴线、50线和设计图纸，在墙面上弹出木龙骨的分格、分档线
拼装骨架	木墙身的结构一般情况下采用25×30mm的木方。先将木方排放在一起刷防火涂料及防腐涂料，然后分别加工出凹槽榫，在地面上进行拼装成木龙骨架。其方格网规格通常是300×300mm或400×400mm。对于面积较小的木墙身，可在拼成木龙骨架后直接安装上墙；对于面积较大的木墙身，则需要分几片分别安装上墙
打木楔	用$\phi 16 \sim \phi 20$的冲击钻头在墙面上弹线的交叉点位置钻孔，孔距为600mm左右、深度不小于60mm。钻好孔后，随即打入经过防腐处理的木楔
安装木龙骨架	先立起木龙骨靠在墙上，用吊垂线或水准尺找垂直度，确保木墙身垂直。用水平直线法检查木龙骨架的平直度。当垂直度和平直度都达到要求后，即可用钉子将其钉在木楔上
铺钉罩面板	按照设计图纸将罩面板按尺寸裁割、刨边。用15mm枪钉将罩面板固定在木龙骨架上。如果用铁钉则应使钉头砸扁埋入板内1mm。且要布钉均匀，间距在100mm左右

（四）薄木贴面板的选购

市场上所销售的薄木贴面板一般分为天然板和科技板两种。天然板的饰面材料为优质天然木皮，价格较高；而科技板为机械印刷品，价格较低。在选购时，应注意以下几点。

（1）观察贴面（表皮），看贴面的厚薄程度，越厚的性能越好，油漆后实木感越真实、纹理也越清晰、色泽鲜明饱和度好。

（2）天然板和科技板的区别：前者为天然木质花纹，纹理图案自然变异性比较大、无规则；而后者的纹理基本为通直纹理，纹理图案有规则。

（3）装饰性要好，其外观应有较好的美感，材质应细致均匀、色泽清晰、木色相近、木纹美观。

（4）表面应无明显瑕疵，其表面光洁，无毛刺、沟痕和刨刀痕；应无透胶现象和板面污染现象；表面有裂纹裂缝、节子、夹皮，树脂囊和树胶道的尽量不要选择。

（5）无开胶现象，胶层结构稳定。要注意表面单板与基材之间、基材内部各层之间不能出现鼓包、分层现象。

用装饰饰面板作为主材的电视背景墙

（6）要选择甲醛释放量低的板材。可用鼻子闻，气味越大，说明甲醛释放量越高，污染越厉害，危害性越大。

（7）应购买有明确厂名、厂址、商标的产品，并向商家索取检测报告和质量检验合格证等文件。

（五）市场常用薄木贴面板价格

市场常用薄木贴面板价格见表5-5。

表5-5　　　　　　市场常用薄木贴面板价格

产品名称	品牌	规　格	参考价格（元/张）
通力精选红胡桃木饰面板	通力	2440mm×1220mm×3mm	90.00
通力精选山纹南美樱桃木饰面板	通力	2440mm×1220mm×3.6mm	105.00
通力精选山纹水曲柳饰面板	通力	2440mm×1220mm×3mm	78.00
通力精选泰柚皇饰面板	通力	2440mm×1220mm×3.6mm	150.00
通力精选直纹白橡饰面板	通力	2440mm×1220mm×3mm	98.00
通力精选红橡直纹饰面板	通力	2440mm×1220mm×3mm	88.00
通力精选铁刀木饰面板	通力	2440mm×1220mm×3mm	120.00
通力精选泰柚饰面板	通力	2440mm×1220mm×3mm	110.00
通力精选花梨饰面板	通力	2440mm×1220mm×3mm	78.00
君子兰红橡环保饰面板	君子兰	2440mm×1220mm×3mm	92.00
兔宝宝E0级沙比利饰面板	兔宝宝	2440mm×1220mm×3mm	105.00
兔宝宝环保红橡直纹饰面板	兔宝宝	2440mm×1220mm×3mm	100.00

产品名称	品牌	规 格	参考价格（元/张）
兔宝宝E0级泰柚装饰板	兔宝宝	2440mm×1220mm×3mm	160.00
兔宝宝E0级黑胡桃直纹装饰板	兔宝宝	2440mm×1220mm×3mm	150.00
兔宝宝E0级红樱桃直纹装饰板	兔宝宝	2440mm×1220mm×3mm	120.00
兔宝宝环保白胡桃装饰板	兔宝宝	2440mm×1220mm×3mm	87.00
兔宝宝环保黑檀木饰面板	兔宝宝	2440mm×1220mm×3.6mm	290.00
兔宝宝环保铁刀木饰面板	兔宝宝	2440mm×1220mm×3.6mm	240.00
兔宝宝环保厚皮枫木雀眼饰面板	兔宝宝	2440mm×1220mm×3.6mm	390.00
兔宝宝环保白影饰面板	兔宝宝	2440mm×1220mm×3.6mm	365.00
兔宝宝环保厚皮美国花纹樱桃饰面板	兔宝宝	2440mm×1220mm×3.6mm	160.00
兔宝宝环保厚皮花纹黑胡桃饰面板	兔宝宝	2440mm×1220mm×3.6mm	155.00
金马牌红直榉饰面板	金马	2440mm×1220mm×3mm	110.00
金马牌白直榉饰面板	金马	2440mm×1220mm×3mm	120.00
袋鼠红榉饰面板	袋鼠	2440mm×1220mm×3mm	85.00
袋鼠白榉饰面板	袋鼠	2440mm×1220mm×3mm	98.00

第四节 纤维板

（一）纤维板的性质

纤维板（又称密度板）是以木材或植物纤维为主要原料，加入添加剂和胶粘剂，在加热加压条件下，压制而成的一种板材。纤维板因做过防水处理，其吸湿率比木材小，形状稳定性、抗菌性都较好。

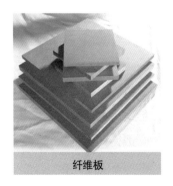

纤维板

（二）纤维板的种类及应用

纤维板结构均匀，板面平滑细腻，容易进行各种饰面处理，尺寸稳定性好，芯层均匀，厚度尺寸规格变化多，可以满足多种需要。根据容重不同，纤维板分为低密度板、中密度板和高密度板。一般型材规格为1220mm×2440mm，厚度为3～25mm不等。通常情况下，家庭装修所用的大多数是中密度纤维板。

中密度纤维板是以木质纤维或其他植物纤维为原料，施加脲醛树脂或其他合成树脂，在加热、加压条件下压制而成的密度在0.50～0.88g/cm³范围的板材，也可以加入其他合适的添加剂以改善板材特性。中密度纤维板具有良好的物理力学性能和加工性能，可以制成不同厚度的板材，因此被广泛用于室内装修行业。

纤维板的种类见表5-6。

表5-6　　　　　　　　　　　　纤维板的种类

按原料分类	木质纤维板	是用木材加工废料加工而成的
	非木质纤维板	是以芦苇、稻草等草本植物和竹材等加工而成的
按处理方式分类	特硬质纤维板	经过增强剂或浸油处理的纤维板，强度和耐水性好，室内外均可使用
	普通硬质纤维板	没有经过特殊处理的纤维板
按容重分类	高密度纤维板	密度大于800kg/m³
	中密度纤维板	密度为500～700kg/m³
	低密度纤维板	密度小于400kg/m³

中密度纤维板的主要特点和性能如下。

（1）内部结构均匀，密度适中，尺寸稳定性好，变形小；静曲强度、内结合强度、弹性模量、板面和板边握螺钉力等物理力学性能均优于刨花板。

（2）表面平整光滑，便于二次加工，可粘贴旋切单板、刨切薄木、油漆纸、浸渍纸，也可直接进行油漆和印刷装饰。

（3）中密度纤维板幅面较大，板厚也可在2.5～35mm范围内变化，可根据不同用途组织生产；机械加工性能好，锯截、钻孔、开榫、铣槽、砂光等加工性能类似木材，有的甚至优于木材。

（4）容易雕刻及铣成各种型面、形状的家具零部件，加工成的异形边可不封边而直接进行油漆等涂饰处理；可在中密度纤维板生产过程中加入防水剂、防火剂、防腐剂等化学药剂，生产特种用途的中密度纤维板。

（三）纤维板的选购

在选购纤维板时，应注意以下几点。

（1）纤维板应厚度均匀，板面平整、光滑，没有污渍、水渍、粘迹。四周板面细密、结实、不起毛边。

（2）注意吸水厚度膨胀率。如不合格将使纤维板在使用中出现受潮变形甚至松脱等现象，使其抵抗受潮变形的能力减弱。

（3）用手敲击板面，声音清脆悦耳，表明胶粘剂渗透均匀，质量较好。声音发闷，则可能发生了散胶问题。

（4）注意甲醛释放量超标。纤维板生产中普遍使用的胶粘剂是以甲醛为原料生产的，这种胶粘剂中总会残留有反应不完全的游离甲醛，这就是纤维板产品中甲醛释放的主要来源。甲醛对人体黏膜，特别是呼吸系统具有强烈的刺激性，会影响人体健康。

（5）找一颗钉子在纤维板上钉几下，看其握螺钉力如何，如果握螺钉力不好，则在使用中就会出现结构松脱等现象。

（6）拿一块纤维板的样板，用手用力掰或用脚踩，以此来检验纤维板的承载受力和抵抗受力变形的能力。

（四）市场常用纤维板价格

市场常用纤维板价格见表5-7。

表5-7　　　　　　　　　市场常用纤维板价格

产品名称	品牌	规　格	参考价格（元/张）
澳杉中密度板	澳杉	2440mm×1220mm×2.5mm	42.00
澳杉中密度板	澳杉	2440mm×1220mm×3mm	47.00
澳杉中密度板	澳杉	2440mm×1220mm×4.5mm	65.00
澳杉中密度板	澳杉	2440mm×1220mm×9mm	105.00
澳杉中密度板	澳杉	2440mm×1220mm×12mm	130.00
澳杉中密度板	澳杉	2440mm×1220mm×15mm	160.00
澳杉中密度板	澳杉	2440mm×1220mm×18mm	200.00

产品名称	品牌	规　格	参考价格（元/张）
富利达灰麻双面密度板	富利达	2440mm×1220mm×12mm	125.00
富利达白平双面密度板	富利达	2440mm×1220mm×12mm	118.00
富利达黑胡桃麻双面密度板	富利达	2440mm×1220mm×12mm	120.00
富利达红樱桃麻双面密度板	富利达	2440mm×1220mm×12mm	120.00
伯思莱樱桃木双面密度板	伯思莱	2440mm×1220mm×18mm	112.00
伯思莱白色中密度板	伯思莱	2440mm×1220mm×18mm	103.00

第五节　刨花板

（一）刨花板的性质

刨花板是利用木材或木材加工剩余物作为原料，加工成碎料后，施加胶粘剂和添加剂，经机械或气流铺装设备铺成刨花板坯，后经高温高压而制成的一种人造板材。刨花板具有密度均匀、表面平整光滑、尺寸稳定、无节疤或空洞、握钉力佳、易贴面和机械加工、成本较低等特点。

刨花板

（二）刨花板的种类

刨花板按照制造方法分为两种：①平压刨花板，所加压力与板面垂直，刨花排列的位置与板面平行。按其结构形式分为单层、三层及渐变三种；②挤压刨花板，所加压力与板面平行，按其结构形式分为实心板和管状空心板两种。

刨花板按照表面形状分为四种：①加压刨花板，指热压成型后未经任何表面处理的刨花板；②砂光或抛光刨花板，指表面经过机械砂磨或刨削的刨花板；③饰面刨花板，指用单板以外的材料进行表面装饰的刨花板；④单板饰面刨花板，指用旋切或刨切单板进行表面装饰的刨花板。

（三）刨花板的应用

由于刨花板的成本低，许多性能又比成材好，所以刨花板的应用非常广泛。除室内装饰装修应用外，刨花板还可以用在汽车、火车、船舶等的内部装饰及包装等用途。其常用规格尺寸为1220mm×2440mm，厚度为3～30mm不等。

以室内装饰装修为例，常用做法如下。

（1）适于做贴面的基材，很多贴面材料均可用。刨花板密度均匀，厚薄公差小，表面光滑，是很好的贴面基材。

（2）可用刨花板作为家具的框架、边板、背板、抽屉、门和其他部件等，成本较低。

（3）可作为地板的铺垫板，这样的地板强度大，结实，音响效果好，耐冲击。

不同尺寸规格的刨花板

（4）可作为室内楼梯踏脚板用，其厚度匀称，不会开裂。

（5）适用于做门心。刨花板门心不像实木易翘曲，它的隔热和耐声能力有助于减少热量损耗和声波的传递。

（四）刨花板的选购

刨花板的纤维结构粗糙，材质差，密合强度弱，而且板材比较脆。在选购的时候要符合设计的要求，并选用密合度高、刨花纤维细致、表面光洁、无变形的板材。同时还应注意以下几点。

（1）注意厚度是否均匀，板面是否平整、光滑，有无污渍、水渍、胶渍等。

（2）刨花板的长、宽、厚尺寸公差。国家标准有严格规定，长度与宽度只允许正公差，不允许负公差。而厚度允许偏差，则根据板面平整光滑的砂光产品与表面毛糙的未砂光产品二类而定。经砂光的产品，质量高，板的厚薄公差较均匀。未砂光产品精度稍差，在同一块板材中各处厚薄公差较不均匀。

（3）注意检查游离甲醛含量。我国规定，100g刨花板中不能超过50mg游离甲醛含量。随便拿起一块刨花板的样板，用鼻子闻一闻，如果板中带有强烈的刺激味，这显然是超过了标准要求，尽量不要选择。

（4）刨花板中不允许有断痕、透裂、单个面积大于40mm^{2}的胶斑、石蜡斑、油污斑等污染点、边角残损等缺陷。

（五）市场常用刨花板价格

市场常用刨花板价格见表5-8。

表5-8　　　　　　　　　　　市场常用刨花板价格

产品名称	品　牌	规　格	参考价格（元/张）
皖华双饰面绿芯刨花板	皖华	2440mm×1220mm×16mm	110.00
佰思莱绿芯黑胡桃刨花板	佰思莱	2440mm×1220mm×16mm	98.00
佰思莱绿芯樱桃刨花板	佰思莱	2440mm×1220mm×16mm	96.00
佰思莱绿芯白色刨花板	佰思莱	2440mm×1220mm×16mm	90.00
欧松板（德国）	N/A刨花板	2440mm×1220mm×18mm	168.00
欧松板（德国）	N/A刨花板	2440mm×1220mm×15mm	145.00
欧松板（德国）	N/A刨花板	2440mm×1220mm×12mm	138.00
欧松板（德国）	N/A刨花板	2440mm×1220mm×9mm	90.00
德国OSB定向结构刨花板	德国OSB	2440mm×1220mm×18mm	298.00

第六节　防火板

（一）防火板的性质

防火板又称耐火板，是由表层纸、色纸、多层牛皮纸构成的，基材是刨花板。表层纸与色纸经过三聚氰胺树脂成分浸染，经干燥后叠合在一起，在热压机中通过高温高压制成，使防火板具有耐磨、耐划等物理性能。多层牛皮纸使耐火板具有良好的抗冲击性、柔韧性。

所谓的防火板并不是厚厚的一张木板，而只是一张贴面，薄薄的一层而已。防火板多以中密度板、刨花板、细木工板等材料作为基材，表面采用平面加压、加温、粘贴工艺贴覆防火材料。其防污、防刮伤、防烫、防酸碱性能都较高，与天然石相比，防火板更具弹性，不会因重击而产生裂缝，其维

白色防火板装饰的橱柜门板

护和保养十分简单。但拼接的部位不好处理，易受潮，如使用不当会产生脱胶、膨胀变形，在设计上有局限性。

（二）防火板的种类

防火板图案、花色丰富多彩，有彩色素面、彩色彩纹、仿木纹、仿石纹、仿皮纹等多种，表面多数为光面，也有呈麻纹状、雕状或哑光面。

防火板的种类见表5-9。

表5-9　　　　　　　　　　　　防火板的种类

种　类	特　征
平面彩色雅面和光面系列	朴素光洁，耐污耐磨，适宜于餐厅、吧台的饰面、贴面等
木纹雅面和光面系列	华贵大方，经久耐用，适用于家具、家电饰面及活动式吊顶等
皮革颜色雅面和光面系列	易于清洗，适用于装饰厨具、壁板、栏杆、扶手等
石材颜色雅面和光面系列	不易磨损，适用于室内墙面、厅堂的柜台、墙裙等
细格几何图案雅面和光面系列	该系列适用于镶贴窗台板、踢脚板的表面，以及防火门扇、壁板、计算机工作台等贴面

（三）防火板的应用

防火板具有耐湿、耐磨、耐烫、阻燃、易清洁，耐一般酸、碱、油渍及酒精等溶剂的浸蚀的特性，广泛应用于家居装饰装修中厨房橱柜的台面和柜门的贴面装饰，可耐高温、防明火。一般型材规格为（长×宽）1220mm×2440mm，厚度为0.6、0.8、1.0、1.2mm不等，少数纹理、色泽较好的品种多在0.8mm以上，价格也因此不同。

| 红色防火板装饰的橱柜门板 | 粉色防火板装饰的橱柜门板 |

（四）防火板的选购

劣质防火板一般具有以下几种特征：色泽不均匀、易碎裂爆口、花色简单，另外，它的耐热、耐酸碱度、耐磨程度也相应较差。在选购时，还应注意不要被商家欺骗，以三聚氰胺板代替成防火板。三聚氰胺板（俗称双饰面板）是一次成型板，这种板材就是把印有色彩或仿木纹的纸，在三聚氰胺透明树脂中浸泡之后，贴于基材表面热压而成的。

一般来说，防火板的耐磨、防刮伤等性能要好于三聚氰胺板，且三聚氰胺板价格上要低于防火板。两者因厚度、结构的不同，导致性能上有明显的差别。所以在使用中两者是不能相互替代的。

目前防火板材是市场价为40~300元/张，在现代家庭装修中，防火板主要被应用到厨房的橱柜当中，其他方面很少用到。

（五）市场常用防火板价格

市场常用防火板价格见表5-10。

表5-10　　　　市场常用防火板价格

产品名称	品牌	产地	规格	参考价格（元/张）
中密度澳柏防火板	澳柏	湖北	2440mm×1220mm×5mm	75.00
中密度澳柏防火板	澳柏	湖北	2440mm×1220mm×6mm	85.00

产品名称	品 牌	产 地	规 格	参考价格（元/张）
中密度澳柏防火板	澳柏	湖北	2440mm×1220mm×8mm	115.00
中密度澳柏防火板	澳柏	湖北	2440mm×1220mm×10mm	145.00
多宝GM防火板	多宝	宁波	2440mm×1220mm×3mm	30.00
多宝GM防火板	多宝	宁波	2440mm×1220mm×4mm	38.00
多宝GM防火板	多宝	宁波	2440mm×1220mm×6mm	55.00
多宝GM防火板	多宝	宁波	2440mm×1220mm×9mm	68.00
多宝GM防火板	多宝	宁波	2440mm×1220mm×12mm	80.00
大信防火板	大信	韩国	2440mm×1220mm×6mm	130.00

第七节 铝塑板

（一）铝塑板的性质

铝塑复合板（又称铝塑板）是由多层材料复合而成，上下层为高纯度铝合金板，中间为低密度聚乙烯芯板，并与粘合剂复合为一体的轻型墙面装饰材料。其分解结构自上而下分别是：保护膜层、氟碳树脂（PVDF）光漆层、氟碳树脂（PVDF）面漆层、氟碳树脂（PVDF）底漆层、防锈高强度合金铝板层、阻燃无毒塑料芯材层、防锈高强度合金铝板层、防腐保护膜处理层、防腐底漆层。

铝塑板易于加工成型，具有耐候、耐蚀、耐冲击、防火、防潮、隔热、隔声、抗震性能好等特点。它能缩短工期、降低成本。它可以切割、裁切、开槽、带锯、钻孔、加工埋头，也可以冷弯、冷折、冷轧，还可以铆接、螺栓连接或胶合粘结等。其外部经过特种工艺喷涂塑料，色彩艳丽丰富，长期使用不褪色、不变形，尤其是防水性能较好。

（二）铝塑板的种类

铝塑板规格为1220mm×2440mm，分为单面和双面两种，单面较双面价格低，单面铝塑板的厚度一般为3、4mm，双面铝塑板的厚度为6、8mm。

用铝塑板作为主材的背景墙（一）　　　　用铝塑板作为主材的背景墙（二）

（三）铝塑板的应用

目前材料市场上铝塑板的种类繁多，室内室外各种颜色、各种花式令人目不暇接，是一种很常见的装饰材料。由于材料性能上的诸多优势，被广泛应用于各种建筑装饰上，如天花板、包柱、柜台、家具、电话亭、电梯、店面、广告牌、防尘室壁材、厂房壁材等，同天然石材、玻璃幕墙并称三大幕墙材料之一，还被应用于汽车、火车箱体的制造，飞机、船舶的隔间壁材、设备、仪器的外箱体等。在室内装饰装修中，应用同样广泛，如客厅、卧室、厨房、卫生间等。

铝塑板的施工工艺流程见表5-11。

表 5-11　　　　　　　　　　铝塑板的施工工艺流程

工艺名称	工艺流程
放线	在主体结构上按设计图纸的要求准确地弹出骨架安装的位置，并详细标注固定件的位置。如果作业面的面积比较大，龙骨应横竖焊接成网架，放线时应根据网架的尺寸弹放。同时也应对主体结构尺寸进行校对，如发现较大的误差应及时进行修补
安装连接件	通常情况下采用膨胀螺栓来固定连接件，其优点是尺寸误差小，容易保证准确性。同时连接件也可采用与结构上的预埋件焊接。而对于木龙骨架则可采用钻孔、打木楔的方法
安装骨架	骨架可采用型钢骨架、轻钢和铝合金型材骨架。骨架与连接件的固定可采用螺栓或焊接的方法，并且在安装中随时检查标高及中心线的位置。另外，所有骨架的表面必须做防锈、防腐处理，连接焊缝也必须涂防锈漆

工艺名称	工艺流程
安装铝合金装饰板	通常情况下采用抽芯铝铆钉来固定铝合金装饰板，其中间必须垫橡胶垫圈，抽芯铝铆钉间距在100~150mm之间，用锤子钉在龙骨上；如采用螺钉固定时，应先用电钻在拧螺钉的位置上钻一个孔，再用自攻螺钉将铝合金装饰板固牢；如采用木骨架时，可直接用木螺钉将铝合金装饰板钉在木龙骨上
收口处理	在压顶、端部、伸缩缝和沉降缝的位置上进行收口处理，一般采用铝合金盖板或槽钢盖板缝盖，以满足装饰效果

（四）铝塑板的选购

市场上的铝塑板质量不等，一不留神就容易上当受骗。市场上铝塑板的差价很大，从每张60～200元都有，在选购时应注意以下几点。

（1）看其厚度是否达到要求，必要时可使用游标卡尺测量一下。还应准备一块磁铁，检验一下所选的板材是铁还是铝。

（2）看铝塑板的表面是否平整光滑、无波纹、鼓泡、疵点、划痕。

（3）随意掰下铝塑板的一角，如果易断裂，说明不是PE材料或掺杂假冒伪劣材料；然后可用随身携带的打火机烧一下，如果是真正的PE，则应可以完全燃烧，掺杂假冒伪劣材料的燃烧后有杂质。

（4）拿两块铝塑板样板相互划擦几下，看是否掉漆。表面喷漆质量好的铝塑板是采用进口热压喷涂工艺，漆膜颜色均匀，附着力强，划擦后不易脱漆。

（五）市场常用铝塑板价格

市场常用铝塑板价格见表5-12。

表5-12　　市场常用铝塑板价格

产品名称	品　牌	规　格	铝板层厚度（mm）	参考价格（元/张）
吉祥歌铝塑板	吉祥歌	2440mm×1220mm×3mm	0.08	85.00
吉祥歌铝塑板	吉祥歌	2440mm×1220mm×3mm	0.10	115.00
吉祥歌铝塑板	吉祥歌	2440mm×1220mm×3mm	0.12	130.00

续表

产品名称	品　牌	规　格	铝板层厚度（mm）	参考价格（元/张）
吉祥歌铝塑板	吉祥歌	2440mm×1220mm×3mm	0.15	145.00
吉祥歌铝塑板	吉祥歌	2440mm×1220mm×3mm	0.18	160.00
远宏铝塑板	远宏	2440mm×1220mm×3mm	0.08	110.00
远宏铝塑板	远宏	2440mm×1220mm×3mm	0.10	120.00
远宏铝塑板	远宏	2440mm×1220mm×3mm	0.12	135.00
远宏铝塑板	远宏	2440mm×1220mm×3mm	0.15	150.00
远宏铝塑板	远宏	2440mm×1220mm×3mm	0.18	170.00
远宏铝塑板	远宏	2440mm×1220mm×3mm	0.21	190.00
远宏铝塑板	远宏	2440mm×1220mm×3mm	0.25	200.00
台湾地区吉祥铝塑板	台湾地区吉祥	2440mm×1220mm×3mm	0.08	95.00
台湾地区吉祥铝塑板	台湾地区吉祥	2440mm×1220mm×3mm	0.10	110.00
台湾地区吉祥铝塑板	台湾地区吉祥	2440mm×1220mm×3mm	0.12	125.00
台湾地区吉祥铝塑板	台湾地区吉祥	2440mm×1220mm×3mm	0.15	145.00
台湾地区吉祥铝塑板	台湾地区吉祥	2440mm×1220mm×3mm	0.18	160.00
台湾地区吉祥铝塑板	台湾地区吉祥	2440mm×1220mm×3mm	0.21	175.00
台湾地区吉祥铝塑板	台湾地区吉祥	2440mm×1220mm×3mm	0.25	195.00
远宏铝塑板	远宏	2440mm×1220mm×4mm	0.12	170.00
远宏铝塑板	远宏	2440mm×1220mm×4mm	0.15	180.00
远宏铝塑板	远宏	2440mm×1220mm×4mm	0.18	190.00
远宏铝塑板	远宏	2440mm×1220mm×4mm	0.21	200.00
远宏铝塑板	远宏	2440mm×1220mm×4mm	0.25	210.00
吉祥歌铝塑板	吉祥歌	2440mm×1220mm×4mm	0.12	155.00
吉祥歌铝塑板	吉祥歌	2440mm×1220mm×4mm	0.15	160.00
吉祥歌铝塑板	吉祥歌	2440mm×1220mm×4mm	0.18	175.00
吉祥歌铝塑板	吉祥歌	2440mm×1220mm×4mm	0.21	185.00
吉祥歌铝塑板	吉祥歌	2440mm×1220mm×4mm	0.25	195.00

续　表

产品名称	品　牌	规　格	铝板层厚度 （mm）	参考价格 （元/张）
台湾地区吉祥铝塑板	台湾地区吉祥	2440mm×1220mm×4mm	0.12	150.00
台湾地区吉祥铝塑板	台湾地区吉祥	2440mm×1220mm×4mm	0.15	165.00
台湾地区吉祥铝塑板	台湾地区吉祥	2440mm×1220mm×4mm	0.18	185.00
台湾地区吉祥铝塑板	台湾地区吉祥	2440mm×1220mm×4mm	0.21	200.00
台湾地区吉祥铝塑板	台湾地区吉祥	2440mm×1220mm×4mm	0.25	210.00

第八节　塑料扣板

（一）塑料扣板的性质

塑料扣板又称为PVC扣板，是以聚氯乙烯树脂为主要原料，加入适量的抗老化剂、改性剂等，经混炼、压延、真空吸塑等工艺制成的。具有轻质、隔热、保温、防潮、阻燃、施工简便等特点。

PVC扣板（一）　　　　　　　　　　　　PVC扣板（二）

（二）塑料扣板的种类及应用

PVC扣板的规格、色彩、图案繁多，极富装饰性，多用于室内厨房、卫生间的顶面装饰。其外观呈长条状居多，宽度为200~450mm不等，长度一般有3000mm和6000mm两种，厚度为1.2～4mm。

（三）塑料扣板的选购

在选购PVC扣板时，应注意以下几点。

（1）观察外表。外表要美观、平整，色彩图案要与装饰部位相协调。无裂缝、无磕碰、能装拆自如，表面有光泽、无划痕；用手敲击板面声音清脆。

（2）查看企口和凹榫。PVC扣板的截面为蜂巢状网眼结构，两边有加工成型的企口和凹榫，挑选时要注意企口和凹榫完整平直，互相咬合顺畅，局部没有起伏和高度差现象。

（3）测试韧性。用手折弯不变形，富有弹性，用手敲击表面声音清脆，说明韧性强，遇有一定压力不会下陷和变形。

（4）实验阻燃性能。拿小块板材用火点燃，看其易燃程度，燃烧慢的说明阻燃性能好。其氧指标应该在30以上，才有利于防火。

（5）注意环保。如带有强烈刺激性气味则说明环保性能差，对身体有害，应选择刺激性气味小的产品。

（6）向经销商索要质检报告和产品检测合格证等证明材料。以避免以后不必要的麻烦。产品的性能指标应满足热收缩率小于0.3%、氧指数大于35%、软化温度80℃以上、燃点300℃以上、吸水率小于15%、吸湿率小于4%。

（四）市场常用塑料扣板价格

市场常用塑料扣板价格见表5-13。

表5-13　　　　　　　市场常用塑料扣板价格

产品名称	品　牌	规　格	参考价格（元/根）
欧美佳覆膜木纹PVC扣板	欧美佳	100mm×3m	28.00
欧美佳覆膜珠光蓝PVC扣板	欧美佳	100mm×3m	25.00
欧美佳覆膜珠光白PVC扣板	欧美佳	100mm×3m	25.00
欧美佳覆膜珠光灰PVC扣板	欧美佳	100mm×3m	25.00
欧美佳覆膜灰条纹PVC扣板	欧美佳	100mm×3m	26.00
欧美佳覆膜白条纹PVC扣板	欧美佳	100mm×3m	26.00

第九节 金属扣板

（一）金属扣板的性质

金属扣板又称为铝扣板。其表面通过吸塑、喷涂、抛光等工艺，光洁艳丽，色彩丰富，并逐渐取代塑料扣板。铝扣板耐久性强，不易变形、不易开裂，质感和装饰感方面均优于塑料扣板，具有防火、防潮、防腐、抗静电、吸声、隔声、美观、耐用等性能。

（二）金属扣板的种类

铝扣板分为吸声板和装饰板两种，吸声板孔型有圆孔、方孔、长圆孔、长方孔、三角孔、大小组合孔等，底板大都是白色或铝色；装饰板则注重装饰性，线条简洁流畅，有多种颜色可以选择，如长方形、方形等。

根据处理工艺不同，目前市场上的铝扣板主要是喷涂、滚涂、覆膜三种。最便宜的是喷漆的，中档的是滚涂的，最贵的是覆膜的。覆膜的比较漂亮一些，有各种风格的图案，但价格较高；喷漆的多是亚光，不够亮，但是经济实惠。

铝扣板（一）　　　　　　　　　　铝扣板（二）

（三）金属扣板的应用

铝扣板在室内装饰装修中，也多用于厨房、卫生间的顶面装饰。其中吸音铝扣板也有用在公共空间的。铝扣板的外观形态以长条状和方块状为主，厚度为0.6mm或0.8mm。方块型材规格多为300mm×300mm、

350mm×350mm、400mm×400mm、500mm×500mm、600mm×600mm。

（四）金属扣板的选购

在选购铝扣板时，要注意以下几点。

（1）铝扣板的质量好坏不全在于薄厚，而在于铝材的质地，有些杂牌子用的是易拉罐的铝材，因为铝材不好，板子没有办法很均匀地拉薄，只能做得很厚一些。所以要防止商家欺骗，并不是厚的就一定质量好。

（2）家庭装修用的铝扣板0.6mm厚就足够用了，因为家装用铝扣板，长度很少有4m以上的，而且家装吊顶上没有什么重物。一般只有在工程上用的铝扣板较长，是为了防止变形，所以要用厚一点（0.8mm以上），硬度大一些的。

（3）拿一块样品敲打几下，仔细倾听，声音脆的说明基材好，声音发闷的说明杂质较多。

（4）拿一块样品反复掰折，看它的漆面是否脱落、起皮。好的铝扣板漆面只有裂纹，不会有大块油漆脱落。而且好的铝扣板正背面都有漆，因为背面的环境更潮湿，所以背面有漆的铝扣板使用寿命比只有单面漆的铝扣板更长。

（5）铝扣板的龙骨材料一般为镀锌钢板，要看镀锌钢板的平整度，加工的光滑程度；对于龙骨的精度，误差范围越小，精度越高，质量越好。

（6）防止商家偷梁换柱，覆膜板和滚涂板表面看上去不好区别，而价格上却有很大的差别。可用打火机将板面熏黑，覆膜板容易将黑渍擦去，而滚涂板无论怎么擦都会留下痕迹。

（五）市场常用金属扣板价格

市场常用金属扣板价格见表5-14。

表5-14　　市场常用金属扣板价格

产品名称	品　牌	规　格	参考价格
乐思龙180B铝合金扣板	乐思龙铝扣板	180B	78.00元/m
乐思龙84R铝合金扣板	乐思龙铝扣板	84R	37.00元/m

产品名称	品 牌	规 格	参考价格
乐思龙130B铝合金扣板	乐思龙铝扣板	130B	45.00元/m
乐思龙80B铝合金扣板	乐思龙铝扣板	80B	50.00元/m
乐思龙30B铝合金扣板	乐思龙铝扣板	30B	21.00元/m
乐思龙150C铝合金扣板	乐思龙铝扣板	150C	56.00元/m
乐思龙75C铝合金扣板	乐思龙铝扣板	75C	38.00元/m
现代150面矮直亚光覆膜条板	现代铝扣板	150	24.00元/m
现代100面矮直亚光覆膜条板	现代铝扣板	100	16.00元/m
现代100面矮直覆膜条板	现代铝扣板	100	18.00元/m
现代100矮边直角覆膜珍珠白条板	现代铝扣板	100	12.00元/m
华狮龙50C贵族金镜铝扣板	华狮龙铝扣板	50C	22.00元/m
华狮龙50C贵族银镜铝扣板	华狮龙铝扣板	50C	21.00元/m
华狮龙50C贵族大红条纹铝扣板	华狮龙铝扣板	50C	20.00元/m
华狮龙50C贵族亮光黑铝扣板	华狮龙铝扣板	50C	20.00元/m
华狮龙100C直角贴塑银灰扣板	华狮龙铝扣板	100C	175.00元/m
华狮龙100C直角贴塑水绿扣板	华狮龙铝扣板	100C	175.00元/m
华狮龙150C直角贴塑银灰扣板	华狮龙铝扣板	150C	180.00元/m
华狮龙150C直角贴塑浅蓝扣板	华狮龙铝扣板	150C	180.00元/m
华狮龙白色压圆A03板	华狮龙铝扣板	A03	5.20元/块
华狮龙A18白色压方板	华狮龙铝扣板	A18	5.60元/块
升扬无缝高珠光板白色	升扬铝扣板	100mm×3500mm	80.00元/根
升扬无缝高珠光板白色	升扬铝扣板	100mm×4000mm	92.00元/根
升扬无缝高珠光板银色	升扬铝扣板	100mm×3000mm	78.00元/根
升扬无缝高珠光板银色	升扬铝扣板	100mm×4000mm	102.00元/根
西飞3310白色铝扣板	西飞铝扣板	3310	14.00元/m^2
西飞1805米兰黄铝扣板	西飞铝扣板	1805	22.00元/m^2
西飞1838鸡血红铝扣板	西飞铝扣板	1838	26.00元/m^2

第十节 石膏板

（一）石膏板的性质

石膏板是以石膏为主要原料，加入纤维、胶粘剂、稳定剂，经混炼压制、干燥而成，具有防火、隔声、隔热、轻质、高强、收缩率小等特点，且稳定性好、不老化、防虫蛀、施工简便。

石膏板吊顶

石膏板的特点概述见表5-15。

表5-15　　　　　　　　　　石膏板的特点概述

序号	特　点	特点概述
1	生产能耗低，效率高	生产同等单位的石膏板的能耗比水泥节省78%，且投资少，生产能力大，便于大规模生产，国外已经有年生产量可达到4000万m²以上的生产线
2	质量轻	用石膏板做隔墙，重量仅为同等厚度砖墙的1/15，砌块墙体的1/10，有利于结构抗震，并可有效减少基础及结构主体造价
3	保温隔热	由于石膏板的多孔结构，其导热系数为0.16W/（m²·K），与灰砂砖砌块[1.1W/（m²·K）]相比，其隔热性能具有显著的优势
4	防火性能好	由于石膏芯本身不燃，且遇火时在释放化合水的过程中会吸收大量的热，延迟周围环境温度的升高，因此，石膏板具有良好的防火阻燃性能。经国家防火检测中心检测，石膏板隔墙耐火极限可达4h
5	隔声性能好	石膏板隔墙具有独特的空腔结构，大大提高了系统的隔声性能
6	装饰功能好	石膏板表面平整，板与板之间通过接缝处理形成无缝表面，表面可直接进行装饰
7	可施工性好	仅需裁纸刀便可随意对石膏板进行裁切，施工非常方便，用它做装饰，可以摆脱传统的湿法作业，极大地提高施工效率
8	居住功能好	由于石膏板具有独特的"呼吸"性能，可在一定范围内调节室内湿度，使居住环境舒适
9	绿色环保	纸面石膏板采用天然石膏及纸面作为原材料，绝不含对人体有害的石棉（绝大多数的硅酸钙类板材及水泥纤维板均采用石棉作为板材的增强材料）
10	节省空间	采用石膏板做墙体，墙体厚度最小可达74mm，且可保证墙体的隔声、防火性能

（二）石膏板的种类

石膏板基本分为装饰石膏板、纸面石膏板、嵌装式装饰石膏板、耐火纸面石膏板、耐水纸面石膏板和吸声用穿孔石膏板六大类。

（1）装饰石膏板。它是以建筑石膏为主要原料，掺入适量增强纤维、胶粘剂等，经搅拌、成型、烘干等工艺而制成的不带护面纸的装饰板材，具有重量轻、强度高、防潮、防火等性能。装饰石膏板为正方形，其棱边断面形状有直角形和倒角形两种，不同形状拼装后装饰效果不同。

防水石膏板（一）

根据板材正面形状和防潮性能的不同，装饰石膏板分为普通板和防潮板两类。普通装饰石膏板用于卧室、办公室、客厅等空气湿度小的地方，防潮装饰石膏板则可以用于厨房、厕所等空气湿度大的地方。

（2）纸面石膏板。它是以建筑石膏板为主要原料，掺入适量的纤维与添加剂制成板芯，与特制的护面纸牢固粘连而成。具有重量轻、强度高、耐火、隔声、抗震性能好、便于加工等特点。石膏板的形状以棱边角为特点，使用护面纸包裹石膏板的边角形态有直角边、45度倒角边、半圆边、圆边、梯形边。

防水石膏板（二）

（3）嵌装式装饰石膏板。它是以建筑石膏为主要原料，掺入适量的纤维增强材料和外加剂，与水一起搅拌成均匀的料浆，经浇注、成型、干燥而成的不带护面纸的板材。板材背面四边加厚，并带有嵌装企口。板材正面为平面、带孔或带浮雕图案。

（4）耐火纸面石膏板。它是以建筑石膏为主要原料，掺入适量耐火材料和大量玻璃纤维制成耐火芯材，并与耐火的护面纸牢固地粘连在一起。

（5）耐水纸面石膏板。它是以建筑石膏为原材料，掺入适量耐水外加剂制成耐水芯材，并与耐水的护面纸牢固地粘连在一起。

（6）吸声用穿孔石膏板。它是以装饰石膏板和纸面石膏板为基础板材，并有贯通于石膏板正面和背面的圆柱形孔眼，在石膏板背面粘贴具有透气性的背覆材料和能吸收入射声能的吸声材料等组合而成。吸声用穿孔石膏板的棱边形状有直角形和倒角形两种。

（三）石膏板的应用

不同品种的石膏板应该使用在不同的部位。如普通纸面石膏板适用于无特殊要求的部位，像室内吊顶等；耐水纸面石膏板其板芯和护面纸均经过了防水处理，适用于湿度较高的潮湿场所，像卫生间、浴室等。

石膏板隔墙的施工工艺流程见表5-16。

表 5-16　　　　　　　　石膏板隔墙的施工工艺流程

工艺名称	工艺流程
墙位放线	按照设计图纸在楼地面、墙面、顶面和主体结构墙面弹出定位中心线和边线，并弹出门窗口线
墙基施工	墙基施工前，楼地面应进行毛化处理，并用水湿润，现浇墙基混凝土
预排	量准隔墙净空高度、宽度及门窗口尺寸，在地面上进行预排列。设有门窗的隔墙，应先安装窗口上、下和门上的短板，再顺序安装门窗口两侧的隔墙板。如最后剩余墙宽不足整板时，则按实际墙宽补板
安装	复合板安装时，在板的顶面、侧面和板与板之间，均匀涂抹一层胶粘剂，然后上、下顶紧，侧面要严实，缝内胶粘剂要饱满。板下所塞木楔，一般不撤除，但不得露出墙外。第一块复合板安装好后，要检查其垂直度，继续安装时，必须上、下横靠检查尺，并与板面找平。当板面不平时，应及时纠正。复合板与两端主体结构连接要牢固
嵌缝	复合板的缝隙应用水泥素浆胶粘剂嵌缝

（四）石膏板的选购

在选购石膏板时，应注意以下几点。

（1）观察纸面。优质的纸面石膏板用的是进口的原木浆纸，纸轻且薄，强度高，表面光滑，无污渍，纤维长，韧性好。而劣质的纸面石膏板用的是再生纸浆生产出来的纸张，较重较厚，强度较差，表面粗糙，有时可看见油污斑点，易脆裂。纸面的好坏还直接影响到石膏板表面的装饰性能。优质的纸面石膏板表面可直接涂刷涂料，劣质的纸面石膏板表面必须做满批腻子后才能做最终装饰。

（2）观察板芯。优质纸面石膏板选用高纯度的石膏矿作为芯体材料的原材料，而劣质的纸面石膏板对原材料的纯度缺乏控制。纯度低的石膏矿中含有大量的有害物质，好的纸面石膏板的板芯白，而差的纸面石膏板板芯发黄（含有黏土），颜色暗淡。

石膏板装饰背景墙

（3）观察纸面粘结。用裁纸刀在石膏板表面划一个45度角的"叉"，然后在交叉的地方揭开纸面，优质的纸面石膏板的纸张依然粘结在石膏芯上，石膏芯体没有裸露；而劣质的纸面石膏板的纸张则可以撕下大部分甚至全部纸面，石膏芯完全裸露出来。

（4）掂量单位面积重量。相同厚度的纸面石膏板，优质的板材比劣质的一般都要轻。劣质的纸面石膏板大都是在设备陈旧工艺落后的工厂中生产出来的。重量越轻越好，当然，是在达到标准强度的前提下。

（5）查看石膏板厂家提供的检测报告应注意，委托检验仅仅对样品负责，有些厂家可以特别生产一批很好的板材去做检测，然而平时生产的产品不一定能够达到要求，所以抽样检测的检测报告才能代表普遍的生产质量。正规的石膏板生产厂家每年都会安排国家权威的质量检测机构赴厂家的仓库进行抽样检测。

（五）市场常用石膏板价格

市场常用石膏板价格见表5-17。

表5-17　　　　　　　　　　市场常用石膏板价格

产品名称	品 牌	产 地	规 格	参考价格
福星牌石膏板	福星	成都	3000mm×1200mm×12mm	29.50元/张
福星牌石膏板	福星	成都	2400mm×1200mm×12mm	23.50元/张
福星牌石膏板	福星	成都	3000mm×1200mm×9.5mm	23.00元/张
福星牌石膏板	福星	成都	2400mm×1200mm×9.5mm	18.00元/张
玉龙牌石膏板	玉龙	成都	3000mm×1200mm×12mm	26.50元/张
玉龙牌石膏板	玉龙	成都	2400mm×1200mm×12mm	21.00元/张
玉龙牌石膏板	玉龙	成都	3000mm×1200mm×9.5mm	20.00元/张
玉龙牌石膏板	玉龙	成都	2400mm×1200mm×9.5mm	16.00元/张
龙牌石膏板	龙牌	北京	3000mm×1200mm×12mm	48.00元/张
龙牌石膏板	龙牌	北京	2400mm×1200mm×12mm	38.00元/张
龙牌石膏板	龙牌	北京	3000mm×1200mm×9.5mm	36.00元/张
龙牌石膏板	龙牌	北京	2400mm×1200mm×9.5mm	30.00元/张
绿色家园石膏板	绿色家园	山东	（普通纸面）12mm	9.00元/m²
绿色家园石膏板	绿色家园	山东	（普通纸面）9.5mm	7.00元/m²
BPB杰科石膏板	杰科	上海	（防火纸面）15mm	25.00元/m²
BPB杰科石膏板	杰科	上海	（防火纸面）12mm	20.00元/m²
BPB杰科石膏板	杰科	上海	（防潮纸面）15mm	33.00元/m²
BPB杰科石膏板	杰科	上海	（防潮纸面）12mm	28.00元/m²
BPB杰科石膏板	杰科	上海	（防潮纸面）9.5mm	23.00元/m²
BPB杰科石膏板	杰科	上海	（普通纸面）15mm	18.00元/m²
BPB杰科石膏板	杰科	上海	（普通纸面）12mm	14.00元/m²
BPB杰科石膏板	杰科	上海	（普通纸面）9.5mm	12.00元/m²
可耐福石膏板	可耐福	天津	（普通纸面）12mm	12.00元/m²
可耐福石膏板	可耐福	天津	（普通纸面）9.5mm	11.00元/m²
拉法基石膏板	拉法基	上海	（防潮纸面）12mm	30.00元/m²
拉法基石膏板	拉法基	上海	（防潮纸面）9.5mm	26.00元/m²

产品名称	品 牌	产 地	规 格	参考价格
拉法基石膏板	拉法基	上海	（防火纸面）12mm	23.00元/m²
拉法基石膏板	拉法基	上海	（普通纸面）12mm	13.00元/m²
拉法基石膏板	拉法基	上海	（普通纸面）9.5mm	12.00元/m²

第十一节 阳光板

（一）阳光板的性质

阳光板是采用聚碳酸酯合成着色剂开发出来的一种新型室外顶篷材料，中心成条状气孔，具有透明度高、轻质、抗冲击、隔声、隔热、难燃、抗老化等特点，是一种高科技、综合性能极其卓越、节能环保型塑料板材。主要有白色、绿色、蓝色、棕色等样式，呈透明或半透明状，可取代玻璃、钢板、石棉瓦等传统材料，安全方便。

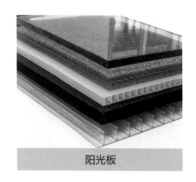

阳光板

（1）轻质。是指聚碳酸酯中空板的单位质量轻，是相同透明度玻璃重量的1/12～1/15，安全不易破碎，易于搬运、安装，可降低建筑物的自重，简化结构设计，节约运输安装费用。

（2）抗冲击性。是指聚碳酸酯中空板的冲击强度是玻璃的80倍，实心板是玻璃的200倍，可以防止在运输、安装和使用过程中破碎。另外，阳光板的最突出特点是，不会像常用玻璃那样发生脆性断裂，避免对人或物造成伤害，对安全有极大的保障。

（3）耐热、耐寒性。是指聚碳酸酯板材的耐温差性极好，能适应从严寒到高温的各种恶劣天气变化，在−40℃～+120℃范围内保持各项物理性能指标的稳定。

（4）抗腐性。是指聚碳酸酯空心板具有良好的化学抗腐性，在室温下能耐各种有机酸、无机酸、弱碱、植物油、中性盐溶液、脂肪族烃及酒精的侵蚀。

（5）难燃性。是指聚碳酸酯板材的自燃温度为630℃（木材为220℃），经国家防火建筑材料质量监督检验中心测试，PC板燃烧性能达到GB 8624—1997中规定的难燃B1级，属于难燃性工程塑料。

（二）阳光板的种类与应用

阳光板有中空板和实心板两大类，在现代装修中常用于阳台、露台搭建花房、阳光屋等装饰，经过精心设计可呈现尖顶、斜顶、圆弧顶、规则异型或不规则异型顶等多变的造型。

一般采用不锈钢、实木或塑钢做框架，用阳光板做底面，构成遮阳篷或雨篷，也可完全搭建成扩展的室内空间，并被广泛应用于建筑大厅、商场、体育场馆、娱乐中心及车站、停车场、凉亭、走廊的雨篷等公用设施的采光天棚等。轻巧的阳光板在居室中还可做衣柜的推拉门等，有着更多的用途。

（三）阳光板的选购

在选购阳光板时，通过肉眼就可辨别出来。好的阳光板板沉、透光。如果拿在手里轻飘飘的，那么就要注意了。

（四）市场常用阳光板价格

市场常用阳光板价格见表5-18。

表5-18　　　　　　　　市场常用阳光板价格

产品名称	品　牌	规　格	参考价格（元/m²）
拜耳模克隆阳光板三层中空板	德国拜耳	6000mm×2100mm×4mm	45.00
拜耳模克隆阳光板三层中空板	德国拜耳	6000mm×2100mm×5mm	55.00
拜耳模克隆阳光板三层中空板	德国拜耳	6000mm×2100mm×6mm	65.00
拜耳模克隆阳光板三层中空板	德国拜耳	6000mm×2100mm×8mm	75.00
拜耳模克隆阳光板三层中空板	德国拜耳	6000mm×2100mm×10mm	85.00
拜耳模克隆阳光板三层中空板	德国拜耳	6000mm×2100mm×16mm	120.00
拜耳模克隆阳光板三层中空板	德国拜耳	6000mm×2100mm×16mm	175.00

续 表

产品名称	品 牌	规 格	参考价格（元/m²）
拜耳模克隆阳光板三层中空板	德国拜耳	6000mm×2100mm×25mm	285.00
朗特阳光板	朗特	6000mm×2100mm×4mm	45.00
朗特阳光板	朗特	6000mm×2100mm×6mm	55.00
朗特阳光板	朗特	6000mm×2100mm×8mm	75.00
朗特阳光板	朗特	6000mm×2100mm×10mm	95.00
海高牌阳光板	海高	6000mm×2100mm×4mm	20.00
海高牌阳光板	海高	6000mm×2100mm×5mm	25.00
海高牌阳光板	海高	6000mm×2100mm×6mm	30.00
海高牌阳光板	海高	6000mm×2100mm×8mm	40.00
海高牌阳光板	海高	6000mm×2100mm×10mm	50.00
固莱尔阳光板	固莱尔	6000mm×2100mm×4mm	30.00
固莱尔阳光板	固莱尔	6000mm×2100mm×5mm	35.00
固莱尔阳光板	固莱尔	6000mm×2100mm×6mm	40.00
固莱尔阳光板	固莱尔	6000mm×2100mm×8mm	50.00
固莱尔阳光板	固莱尔	6000mm×2100mm×10mm	60.00
华帅特二层阳光板单面复UV	华帅特	6000mm×2100mm×4mm	30.00
华帅特二层阳光板单面复UV	华帅特	6000mm×2100mm×5mm	35.00
华帅特二层阳光板单面复UV	华帅特	6000mm×2100mm×6mm	40.00
华帅特二层阳光板单面复UV	华帅特	6000mm×2100mm×8mm	50.00
华帅特二层阳光板单面复UV	华帅特	6000mm×2100mm×10mm	60.00

第六章　装饰地板

第一节　实木地板

（一）实木地板的性质

实木地板（又称原木地板）是采用天然木材，经加工处理后制成条板或块状的地面铺设材料。基本保持了原料自然的花纹，脚感舒适、使用安全是其主要特点，且具有良好的保温、隔热、隔声、吸声、绝缘性能。缺点是干燥要求较高，不宜在湿度变化较大的地方使用，否则易发生胀缩变形。

早期的实木地板施工和保养比较复杂，完工后须上漆打蜡，现今市面上所售卖的基本上是成品漆板，甚至是烤漆板，实用简便。实木地板的一般规格宽度为90～120mm，长度为450～900mm，厚度为12～25mm。优质实木地板价格较高，含水率均控制在10%～15%。

（二）实木地板的种类

实木地板所选用的树材应该是比较耐磨、耐腐、耐湿的木材，如杉木、杨木、柳木、椴木等；而铁杉、柏木、桦木、槭木、楸木、榆木等用作普通地板；槐木、核桃木、檀木、水曲柳等用作高档地板。木地板具有自重轻、弹性好、导热系数小、构造简单、施工方便等优点，而且木材中带有可抵御细菌、稳定神经的挥发性物质，是理想的室内地面装饰材料。

实木地板

下面介绍几种目前在市场上销售较好的实木地板品种。

（1）红檀。"红檀"是商用名，学名为"铁线子"，产于南美居多。由于其木材纹络较细腻，可减少拼花色及纹络的损耗，所以比较适合大面积的运用，但由于颜色偏红，所以在家具的搭配上有一些难度。红檀本身木质较硬，弹性较好，但收缩性较差，所以建议使用免漆地板，在施工过程中，注意不要损坏地板，因其受损变形后很难恢复。

（2）芸香。"芸香"是商用名，学名为"巴福芸香"或"德鲁达茹"，产于印尼。芸香地板木质坚硬，花纹细腻，纹络简单，不论是漆板还是素板，均铺后的整体感都很好。

（3）甘巴豆。商用名是"康帕斯"，由于此木种的产地较多，所以导致其品质也各不相同。通常情况下以价格来判定此木种的优劣。

楸木实木地板

（4）花梨木。地板所用的花梨木并不是家具所用的木种，两者不可混为一谈。"花梨木"是商用名，学名为"大果檀木"，产于南美，隶属于檀木的一种。其本身的木质较为稳定，不易干裂。并且由于檀木本身油脂量较高，且有香气散发，因此防腐、抗蛀、防潮性都较好。

（5）紫檀木。紫檀木种产于东印尼半岛及马来西亚，学名为"蚁木"。因其木材为新者色彩殷红，老者呈紫，质地坚实细密，入水则沉，耐久力强，具有光泽美丽的花纹与条纹，是比较高档的地板材料。

（6）黄檀木。黄檀木属于檀木的一种，其学名为"厚果榄"，产于南美。与其他檀木的区别在于黄檀本身木质花纹分直纹和山纹两种，而其他木质特性则与其他檀木无过多区别。

（7）白象牙和金象牙。"白象牙"是商用名，学名为"巴福芸"，产于南美。白象牙木地板的花纹较细，纹络简单，油漆后颜色比芸香颜色白，表现为黄中带白的感觉，整体感与单板感觉都很不错；"金象牙"是商用名，学名为"塔比紫威"，同样产于南美，金象牙木地板与白象牙类似，但其地板表面多为明直纹，并且颜色偏明黄。

实木地板施工工艺流程见表6-1。

表 6-1 实木地板施工工艺流程

工艺名称	工艺流程
基层清理	实铺：将基层上的砂浆、垃圾、尘土等彻底清扫干净； 空铺：地垄墙内的砖头、砂浆、灰屑等应全部清扫干净
弹线、抄平	先在基层（或地垄墙）上按设计规定的隔栅间距和预埋件，弹出十字交叉点，检查预埋件的数量和偏移情况，如不符合设计要求，应进行处理
安装固定木隔栅、垫木	实铺：当基层锚件为预埋螺栓时，在隔栅上划线钻孔，与墙之间注意留出30mm的缝隙，将隔栅穿在螺栓上，拉线，用直尺找平隔栅上平面，在螺栓处垫调平垫木；当基层预埋件为镀锌铁丝时，隔栅按线铺上后，拉线，将预埋铁丝把隔栅绑扎牢固；调平垫木，应放在绑扎铁丝处。锚固件不得超过毛地板的底面。垫木宽度不少于5mm，长度是隔栅底宽的1.5～2倍。 空铺：在地垄墙顶面，用水准仪抄平、贴灰饼，抹1：2水泥砂浆找平层。砂浆强度达到15MPa后，干铺一层油毡，垫通长防腐、防蛀垫木。按设计要求，弹出隔栅线。铺钉时，隔栅与墙之间留30mm的空隙。将地垄墙上预埋的10号镀锌铁丝绑扎隔栅。隔栅调平后，在隔栅两边钉斜钉子与垫木连接。隔栅之间每隔800mm钉剪刀撑木

续 表

工艺名称	工艺流程
钉毛地板	毛地板铺钉时，木材髓心向上，接头必须设在隔栅上，错缝相接，每块板的接头处留2～3mm的缝隙，板的间隙不应大于3mm，与墙之间留8～12mm的空隙。然后用63mm的钉子钉牢在隔栅上。板的端头各钉两颗钉子，与隔栅相交位置钉一颗钉帽砸扁的钉子。并应冲入地板面2mm，表面应刨平。钉完，弹方格网点抄平，边刨平边用直尺检测，使表面同一水平度与平整度达到控制要求后方能铺设地板
找平、刨平	地板铺设完后，在地面弹出格网测水平，先在顺木纹方向机械或手工刨平。边刨边用直尺检测平整度。靠墙的地板先刨平，便于安装踢脚线。在刨板中注意消除板面的刨痕、戗槎和毛刺
安装踢脚线	先在墙面上弹出踢脚线上的上口线，在地板面弹出踢脚线的出墙厚度线，用50mm钉子将踢脚线上下钉牢在嵌入墙内的预埋木砖上。值得注意的是，墙上预埋的防腐木砖，应突出墙面与粉刷面齐平。接头锯成45度斜口，接头上下各钻2个小孔，钉入钉帽打扁的铁钉，冲入2～3mm
刨光、打磨	刨光、打磨是地板施工中的一道细致工序，因此，必须机械和手工结合操作。刨光机的速度要快，磨光机的粗细砂布应根据磨光的要求更换，应顺木纹方向刨光、打磨，其磨削总量控制在0.3～0.8mm以内。凡刨光、打磨不到位或粗糙之处，必须手工细刨、细砂纸打磨
油漆、打蜡	地板磨光后应立即上漆，使之与空气隔断，避免湿气侵袭地板。先满批腻子两遍，用砂纸打磨洁净，再均匀涂刷地板漆两遍。表面干燥后，打蜡、擦亮

（三）实木地板的选购

在选购实木地板时，应注意以下几点。

（1）挑选板面、漆面质量。选购时关键看漆膜光洁度，有无气泡、漏漆，以及耐磨度等。

（2）检查基材的缺陷。看地板是否有死节、活节、开裂、腐朽、菌变等缺陷。由于木地板是天然木制品，客观上存在色差和花纹不均匀的现象。如若过分追求地板无色差，是不合理的，只要在铺装时稍加调整即可。

（3）识别木地板材种。有的厂家为促进销售，将木材冠以各式各样不符合木材学的美名，如"樱桃木""花梨木""金不换""玉檀香"等名称；更有甚者，以低档木材充高档木材，消费者一定不要为名称所惑，弄清材质，以免上当。

（4）观测木地板的精度。一般木地板开箱后可取出10块左右徒手拼装，观察企口咬合，拼装间隙，相邻板间高度差，若严格合缝，手感无明显高度差即可。

（5）确定合适的长度、宽度。实木地板并非越长越宽越好，建议选择中短长度地板，不易变形；长度、宽度过大的木地板相对容易变形。

红檀实木地板

（6）测量地板的含水率。国家标准规定木地板的含水率为8%～13%，我国不同地区含水率要求均不同。一般木地板的经销商应有含水率测定仪，如无则说明对含水率这项技术指标不重视。购买时先测展厅中选定的木地板含水率，然后再测未开包装的同材种、同规格的木地板的含水率，如果相差在2%以内，可认为合格。

（7）确定地板的强度。一般来讲，木材密度越高，强度也越大，质量也越好，价格当然也越高。但不是家庭中所有空间都需要高强度的地板的。如客厅、餐厅等人流活动大的空间可选择强度高的品种，如巴西柚木、杉木等；而卧室则可选择强度相对低些的品种，如水曲柳、红橡、山毛榉等；如老人住的房间则可选择强度一般，却十分柔和温暖的柳桉、西南桦等。

（8）注意销售服务。最好去品牌信誉好、美誉度高的企业购买，除了质量有保证之外，正规企业都对产品有一定的保修期，凡在保修期内发生的翘曲、变形、干裂等问题，厂家负责修换，可免去消费者的后顾之忧。

（9）在购买时应多买一些作为备用，一般20m²房间材料损耗在1m²左右，所以在购买实木地板时，不能按实际面积购买，以防止日后地板的搭配出现色差等问题。

（10）在铺设时，一定要按照工序施工，购买哪一家地板就请哪一家铺设，以免生产企业和装修企业互相推脱责任，造成不必要的经济损失和精神负担。

（11）值得注意的是，柚木多产于印尼、缅甸、泰国、南美等地，由于柚木本身木质很硬，不易于变形，故使用较多。但我国自1998年以来已经明令禁止从泰国进口柚木，所以目前市场上打着"泰国进口"的牌子的柚木地板大多数是假冒的。

（四）市场常用实木地板价格

市场常用实木地板价格见表6-2。

表6-2　　　　　　　　**市场常用实木地板价格**

产品名称	品牌	规格	参考价格（元/m² ）
澳洲桉木实木地板	久盛	910mm×125mm×18mm	292.50
铁线子木实木地板	久盛	910mm×120mm×18mm	305.40
橡木实木地板	久盛	910mm×125mm×18mm	291.30
海棠木实木地板	久盛	910mm×122mm×18mm	221.90
落腺豆实木地板	泛美	1200mm×126mm×18mm	331.80
斑纹漆木实木地板	泛美	1200mm×126mm×18mm	336.70
圭巴卫矛木实木地板	泛美	1200mm×126mm×18mm	620.50
柚木实木地板	安信	909mm×95mm×18mm	481.30
香脂木豆实木地板	安信	758mm×150mm×18mm	475.90
铁苏木实木地板	安信	758mm×125mm×18mm	265.90
榄仁木实木地板	安信	909mm×122mm×18mm	225.30
柚木实木地板	保得利	910mm×123mm×18mm	392.80
印茄木实木地板	保得利	760mm×123mm×18mm	235.40
甘巴豆实木地板	保得利	910mm×123mm×18mm	198.60
缅甸柚木指接实木地板	保得利	1200mm×150mm×17mm	335.20
亚花梨木实木地板	保得利	910mm×95mm×18mm	360.80
甘巴豆实木地板	双福	900mm×123mm×18mm	210.50
相思木实木地板	双福	910mm×123mm×18mm	229.80
番龙眼实木地板	双福	910mm×122mm×18mm	203.70
柚木实木地板	双福	1210mm×122mm×18mm	510.80
柚木实木地板	大自然	910mm×92mm×18 mm	485.60
番樱桃实木地板	大自然	910mm×123mm×18mm	295.40
鲍迪豆实木地板	大自然	910mm×123mm×18mm	335.30
蒜果木实木地板	大自然	910mm×123mm×18mm	185.20

第二节 实木复合地板

（一）实木复合地板的性质及种类

实木复合地板分为三层实木复合地板和多层实木复合地板，而家庭装修中常用的是三层实木复合地板。

三层实木复合地板是由三层实木单板交错层压而成，其表层为优质阔叶材规格板条镶拼板，树种多用柞木、榉木、桦木、水曲柳等；芯层由普通软杂规格木板条组成，树种多用松木、杨木等；底层为旋切单板，树种多用杨木、桦木、松木等。

多层实木复合地板是以多层胶合板为基材，以规格硬木薄片镶拼板或单板为面板，层压而成。

实木复合地板

实木复合地板具有天然木质感、容易安装维护、防腐防潮、抗菌且适用于电热等优点。其表层为优质珍贵木材，不但保留了实木地板木纹优美、自然的特性，而且大大节约了优质珍贵木材的资源。表面大多涂以五层以上的优质UV涂料，不仅有较理想的硬度、耐磨性、抗刮性，而且阻燃、光滑，便于清洁。芯层大多采用廉价的材料，成本要低于实木地板很多，其弹性、保暖性等也完全不亚于实木地板。

（二）实木复合地板的选购

在选购实木复合地板时，应注意以下几点。

（1）要注意实木复合地板各层的板材都应为实木，而不像强化复合地板以中密度板为基材，两者无论在质感上，还是价格上都有很大区别。

（2）实木复合地板的木材表面不应有夹皮树脂囊、腐朽、死节、节孔、冲孔、裂缝和拼缝不严等缺陷；油漆应丰满，无针粒状气泡等漆膜缺陷；无压痕、刀痕等装饰单板加工缺陷。木材纹理和色泽应和谐、均匀，表面不应有明显的污斑和破损，周边的榫口或榫槽等应完整。

（3）并不是板面越厚，质量越好。三层实木复合地板的面板厚度以2～4mm为宜，多层实木复合地板的面板厚度以0.3～2.0mm为宜。

（4）并不是名贵的树种性能才好。目前市场上销售的实木复合地板树种有几十种，不同树种价格、性能、材质都有差异，但并不是只有名贵的树种性能好，应根据自己的居室环境、装饰风格、个人喜好和经济实力等情况进行购买。

（5）实木复合地板的价格高低主要是根据表层地板条的树种、花纹和色差来区分的。表层的树种材质越好，花纹越整齐，色差越小，价格越贵；反之，树种材质越差，色差越大，表面节疤越多，价格就越低。

（6）购买时最好挑几块试拼一下，观察地板是否有高低差，较好的实木复合地板其规格尺寸的长、宽、厚应一致，试拼后，其榫、槽接合严密，手感平整，反之则会影响使用。同时也要注意看它的直角度、拼装离缝度等。

（7）在购买时还应注意实木复合地板的含水率，因为含水率是地板变形的主要条件。可向销售商索取产品质量报告等相关文件进行查询。

（8）由于实木复合地板需用胶来粘合，所以甲醛的含量也不应忽视。在购买时要注意挑选有环保标志的优质地板。可向销售商索取产品质量测试数据，因为我国国家标准已明确规定，采用穿孔萃取法测定，若小于40mg/100g以下均符合国家标准，或者从包装箱中取出一块地板，用鼻子闻一闻，若闻到一股强烈刺鼻的气味，则证明空气中甲醛浓度已超过国家标准，要小心购买。

（三）市场常用实木复合地板价格

市场常用实木复合地板价格见表6-3。

续 表

表6-3 市场常用实木复合地板价格

产品名称	品 牌	规 格	参考价格（元/m²）
圣象仿橡木实木复合地板	圣象	2200mm×189mm×15mm	302.00
圣象仿古夷木实木多层地板	圣象	910mm×125mm×15mm	255.00
圣象仿斑马木实木多层地板	圣象	910mm×125mm×15mm	268.00
圣象仿金丝柚木实木多层地板	圣象	910mm×125mm×15mm	269.50
圣象仿泰柚实木多层地板	圣象	910mm×125mm×15mm	269.50
韦伦南美白象牙实木复合地板	韦伦	900mm×126mm×15mm	195.00
韦伦北美黑胡桃实木复合地板	韦伦	900mm×126mm×15mm	196.00
韦伦加拿大枫木实木复合地板	韦伦	900mm×126mm×13mm	186.00
韦伦红檀香实木复合地板	韦伦	900mm×126mm×13mm	183.00
韦伦橡木实木复合地板	韦伦	900mm×126mm×13mm	184.00
雅舍柞木实木复合地板	雅舍	910mm×125mm×15mm	192.00
雅舍美国樱桃实木复合地板	雅舍	910mm×125mm×15mm	198.00
雅舍非洲红檀实木复合地板	雅舍	910mm×125mm×15mm	200.00
雅舍金花柚木豆实木复合地板	雅舍	910mm×125mm×15mm	202.00
雅舍黄芸香实木复合地板	雅舍	910mm×125mm×15mm	185.00
北美枫情香脂木豆实木复合地板	北美枫情	910mm×130mm×15mm	243.00
北美枫情亮光柞木实木复合地板	北美枫情	910mm×130mm×15mm	190.00
北美枫情斑马木实木复合地板	北美枫情	910mm×130mm×15mm	202.50
北美枫情柚木实木复合地板	北美枫情	910mm×130mm×12mm	210.00
北美枫情莎比利实木复合地板	北美枫情	1220mm×130mm×12mm	160.00

第三节 强化复合地板

（一）强化复合地板的性质

强化复合地板的标准名称为浸渍纸层压木质地板，其结构一般是由四层材料复合组成，即耐磨层、装饰层、高密度基材层、平衡层。耐磨层内含三氧化二铝，具有耐磨、阻燃、防水等功能，是衡量强化复合地板质量的重点之一；装饰层由三聚氰胺树脂制成，纹理色彩丰富，设计感强。装饰层是确定强化复合地板的花色品种的重要构成之一；高密度基材层是由高密度纤维板制成，具有强度高、不易变形、防潮等功能；平衡层由浸渍酚醛树脂制成，能平衡地板、防潮、防止地板曲翘变形等。

（二）强化复合地板的种类

强化复合地板的规格长度为900～1500mm，宽度为180～350mm，厚度分别有6、8、12、15、18mm，其中厚度越高，价格越高。目前市场上售卖的强化复合地板以12mm居多。高档的强化复合地板还增加约2mm厚的天然软木，具有实木脚感，噪声小、弹性好等特点。

强化复合地板（一）　　　　　　　强化复合地板（二）

从强化复合地板的特性上来分有水晶面、浮雕面、锁扣、静音、防水等几类。

（1）水晶面。水晶面的地板表面基本上是平面的，沟槽不明显，好打理。

（2）浮雕面。浮雕面的地板用眼看或用手摸，表面有木纹状的花纹。

（3）锁扣。在地板的接缝处，采用锁扣形式，即控制地板的垂直位移，又控制地板的水平位移，比原来的榫槽式（企口地板）在技术上又进一步提高了。

（4）静音。即在地板的背面加软木垫或其他类似软木作用的垫子，起到增加脚感、吸声、隔声的效果。

（5）防水。在强化复合地板的企口处，涂上防水的树脂或其他防水材料，这样地板外部的水分潮气不容易侵入，内部的甲醛不容易释出，使得地板的环保性、使用寿命都得到明显提高。

（三）强化复合地板的应用

强化复合地板由于工序复杂，配材多样，具有耐磨、阻燃、防潮、防静电、防滑、耐压、易清理等特点；纹理整齐，色泽均匀，强度大，弹性好，脚感好等特征；避免了木材受气候变化而产生的变形、虫蛀、防潮及经常性保养等问题；质轻、规格统一，便于施工安装（无需龙骨），小地面不需胶接，通过板材本身槽榫胶接，直接铺在地面上，节省工时及费用；具有应用面广，且无需上漆打蜡，日常维修简单，使用成本低等优势，受到大多数人的喜爱。

强化复合地板的施工工艺流程见表6-4。

表 6-4　　　　　　　　　强化复合地板的施工工艺流程

工艺名称	工艺流程
基层清理	基层表面，必须清除杂物，清扫灰尘，保持干燥、洁净
铺地垫	在基层表面上，先满铺地垫，或铺一块装一块，接缝处不得叠压。接缝处也可采用胶带粘结，衬垫与墙之间应留10~12mm空隙
装地板	复合地板铺装可从任意处开始，不限制方向。顺墙铺装复合地板，有凹槽口的一面靠着墙，墙壁和地板之间留出空隙10~12mm，在缝内插入与间距同厚度的木条。铺第一排锯下的端板，用作第二排地板的第一块。以此类推。最后一排通常比其他的地板窄一些，把最后一块和已铺地板边缘对边缘，用铅笔距与墙壁的距离量出，加8~12mm间隙后锯掉，用回力钩放入最后排并排紧。地板完全铺好后，应停置24h
安装踢脚线	先在墙面上弹出踢脚线上的上口线，在地板面弹出踢脚线的出墙厚度线，用50mm钉子将踢脚线上下钉牢在嵌入墙内的预埋木砖上。值得注意的是，墙上预埋的防腐木砖，应突出墙面与粉刷面齐平。接头锯成45度斜口，接头上下各钻两个小孔，钉入钉帽打扁的铁钉，冲入2~3mm

（四）强化复合地板的选购

在选购强化复合地板时，应注意以下几点。

（1）检测耐磨转数。这是衡量强化复合地板质量的一项重要指标。一般而言，耐磨转数越高，地板使用的时间越长，强化复合地板的耐磨转数达到1万转为优等品，不足1万转的产品，在使用1～3年后就可能出现不同程度的磨损现象。

（2）观察表面质量是否光洁。强化复合木地板的表面一般有沟槽型、麻面型和光滑型三种，本身无优劣之分，但都要求表面光洁、无毛刺。

（3）注意吸水后膨胀率。此项指标在3%以内可视为合格，否则地板在遇到潮湿，或在湿度相对较高、周边密封不严的情况下，就会出现变形现象，影响正常使用。

（4）注意甲醛含量。按照欧洲标准，每100g地板的甲醛含量不得超过9mg，如果超过9mg，属不合格产品。

强化复合地板（三）

（5）观察测量地板厚度。目前市场上地板的厚度一般在6～18mm，同价格范围内，选择时应以厚度厚些的为好。厚度越厚，使用寿命也就相对越长，但同时要考虑居住者的实际需要。

（6）观察企口的拼装效果。可拿两块地板的样板拼装一下，看拼装后企口是否整齐、严密，否则会影响使用效果及功能。

（7）用手掂量地板重量。地板重量主要取决于其基材的密度。基材决定着地板的稳定性，以及抗冲击性等诸项指标，因此基材越好，密度越高，地板也就越重。

（8）查看正规证书和检验报告。选择地板时一定要弄清商家有无相关证书和质量检验报告。如ISO 9001国际质量认证证书、ISO 14001国际环保认证证书，以及其他一些相关质量证书。

（9）注重售后服务。强化复合地板一般需要专业安装人员使用专门工具进行安装，因此消费者一定要问清商家是否有专业安装队伍，以及能否提供正规保修证明书和保修卡。

（五）市场常用强化复合地板价格

市场常用强化复合地板价格见表6-5。

表6-5 市场常用强化复合地板价格

产品名称	品 牌	规 格	参考价格（元/m²）
瑞士卢森巴西利亚樱桃强化地板	卢森	1380mm×193mm×8mm	120.00
瑞士卢森郁金香橡木强化地板	卢森	1380mm×193mm×8mm	120.00
瑞士卢森栗子木强化地板	卢森	1380mm×193mm×8mm	120.00
瑞士卢森白色枫木强化地板	卢森	1380mm×193mm×8mm	122.00
瑞士卢森南加橡木强化地板	卢森	1380mm×193mm×8mm	161.00
圣象梦那卡罗胡桃强化地板	圣象	1285mm×195mm×8mm	128.00
圣象防潮乡村野枫木强化地板	圣象	1285mm×195mm×8mm	138.00
圣象防潮海牙橡木强化地板	圣象	1285mm×195mm×8mm	136.00
圣象防潮意大利胡桃木强化地板	圣象	1285mm×195mm×8mm	137.00
圣象环保爱琴海白松木强化地板	圣象	1285mm×195mm×8mm	102.00
君豪黄檀木仿实木强化地板	君豪	804mm×124mm×12mm	100.00
君豪两拼黑胡桃仿实木强化地板	君豪	804mm×124mm×12mm	88.00
君豪甘巴豆木仿实木强化地板	君豪	804mm×124mm×12mm	86.00
君豪红影木仿实木强化地板	君豪	804mm×124mm×12mm	102.00
君豪红檀木仿实木强化地板	君豪	804mm×124mm×12mm	105.00
莱茵阳光亮系列强化地板	莱茵阳光	1285mm×191mm×9mm	101.00
莱茵阳光宙斯U型槽强化地板	莱茵阳光	1210mm×140mm×12mm	142.00
莱茵阳光虹之韵强化地板	莱茵阳光	800mm×125mm×12mm	90.00
莱茵阳光雕刻时光强化地板	莱茵阳光	1285mm×191mm×9mm	102.00
莱茵阳光林海物语强化地板	莱茵阳光	1210mm×141.5mm×12mm	156.00

第四节 竹木地板

（一）竹木地板的性质

竹木地板是采用适龄的竹木精制而成，地板无毒，牢固稳定，不开胶，不变形，经过脱去糖分、淀粉、脂肪、蛋白质等特殊无害处理后的竹材，具有超强的防虫蛀功能。地板的六面用优质进口耐磨漆密封，阻燃、耐磨、防霉变，其表面光洁柔和，几何尺寸好，品质稳定。

（二）竹木地板的种类

竹木地板的加工工艺与传统意义上的竹木制品不同，它是采用中上等竹材，经严格选材、制材、漂白、硫化、脱水、防虫、防腐等工序加工处理之后，再经高温、高压、胶合等工艺制成的。铺设后不易开裂、扭曲、变形或起拱。但竹木地板强度高，硬度强，脚感不如实木地板舒适，外观也没有实木地板丰富多样。

（三）竹木地板的应用

竹木地板突出的优点便是冬暖夏凉。竹子自身并不生凉防热，但由于导热系数低，就会体现出这样的特性，让人无论在什么季节，都可以舒适地赤脚在上面行走，特别适合铺装在老人、小孩的卧室。

竹木地板也有明显的不足。在使用中应注意，竹木地板虽然经过干燥处理，减少了尺寸的变化，但因其竹材是自然型材，所以它还会随气候的干湿

竹木地板（一）　　　　　　竹木地板（二）

度变化而发生变形。因此，室内需要通过人工手段来调节湿度或保持室内干燥，否则可能出现变形。

（四）竹木地板的选购

在选购竹木地板时，应注意以下几点。

（1）观察竹木地板表面的漆上有无气泡，是否清新亮丽，竹节是否太黑，表面有无胶线，然后看四周有无裂缝，有无批灰痕迹，是否干净整洁等。

（2）质量好的产品表面颜色应基本一致，清新而具有活力。比如，本色竹材地板的标准色是金黄色，通体透亮；而碳化竹材地板的标准色是古铜色或褐红色，颜色均匀、有光泽感。不论是本色，还是碳化色，其表层尽量有较多而致密的纤维管束分布，纹理清晰。就是说，表面应是刚好去掉竹青，紧挨着竹青的部分。

（3）并不是说竹子的年龄越老越好，很多消费者认为年龄越大的竹材越成熟，用其做竹木地板肯定越结实。其实正好相反，最好的竹材年龄是4～6年，4年以下的竹子太小没成材，竹质太嫩；年龄超过9年的竹子就老了，老毛竹皮太厚，使用起来较脆也不好。

（4）要注意竹木地板是否是六面淋漆，由于竹木地板是绿色自然产品，表面带有毛细孔，因存在吸潮几率可引发变形，所以必须将四周和底、表面全部封漆。

（5）首先，可用手拿起一块竹木地板，若拿在手中感觉较轻，说明采用的是嫩竹，若眼观其纹理模糊不清，说明此竹材不新鲜，是较陈的竹材。其次，看地板结构是否对称平衡，可从竹地板的两端断面来判断，若符合，结构就稳定。最后看地板层与层间胶合是否紧密，可用两手掰，看其层与层间是否分层。

（6）要选择有生产厂家、品牌、产品标准、检验等级、使用说明、售后服务等资料齐全的产品。如果资料齐全的话，说明此企业是具有一定规模的正规企业，一般不会出现质量问题。即使出现问题，消费者也有据可查。

（五）市场常用竹木地板价格

市场常用竹木地板价格见表6-6。

表6-6　　　　　　　　市场常用竹木地板价格

产品名称	品牌	规格	参考价格（元/m²）
建玲亮光本色对节竹地板	建玲	930mm×130mm×18mm	186.00
建玲哑光本色对节竹地板	建玲	930mm×130mm×18mm	186.00
建玲亮光碳化对节竹地板	建玲	930mm×130mm×18mm	185.00
建玲碳化哑光竹地板	建玲	930mm×130mm×18mm	185.00
圣狼散节漂白色地板	圣狼	900mm×90mm×12mm	122.00
圣狼碳化侧压亚光竹地板	圣狼	1000mm×165mm×20mm	205.00
圣狼碳化平压亚光地板	圣狼	1000mm×165mm×20mm	203.00
圣狼碳化散结亚光竹地板	圣狼	960mm×122mm×18mm	152.00
圣狼碳化对节耐磨竹地板	圣狼	960mm×122mm×18mm	150.00

第七章　装饰门窗

第一节　实木门

（一）实木门的特点

实木门是以取材自森林的天然原木做门芯，经过干燥处理，然后经下料、刨光、开榫、打眼、高速铣形等工序科学加工而成。实木门所选用的多是名贵木材，如樱桃木、胡桃木、柚木等，经加工后的成品门具有不变形、耐腐蚀、无裂纹及隔热、保温等特点。同时，实木门因具有良好的吸声性，而有效地起到了隔声的作用。

实木门天然的木纹纹理和色泽，对崇尚回归自然的装修风格的家庭来说，无疑是最佳的选择。实木门自古以来就透着一种温情，不仅外观华丽，雕刻精美，而且款式多样。

目前市场上纯实木门并不多见，纯实木门是指从里到外、从门到框都用原木，且为同一种木材，在原木上擦色或直接作漆，成本相当高，一樘纯柚木实木门的售价在9000~12500元。正是由于成本原因，现在市场上所销售的实木门一般只在用料较少的部位，如木条、封边等局部用纯实木材料，其门芯多为低档实木（如松木、水曲柳等）或其他材料，这一点消费者要认清，不要被商家欺骗，但这并不意味着市场上所销售的实木门不好。

（二）实木门的选购

目前实木门的市场价格从1500元到3000元不等，其中高档的实木有胡桃木、樱桃木、莎比利、花梨木等，而上等的柚木门一扇售价达3000~4000元。一般高档的实木门在脱水处理的环节中做得较好，相对含水率在8%左右，这样成形后的木门不容易变形、开裂，使用的时间也会较长。

在选购实木门的时候，可以看门的厚度，还可以用手轻敲门面，若声音均匀沉闷，则说明该门质量较好；一般木门的实木比例越高，这扇门就越沉；如果是纯实木门，则表面的花纹非常不规则，而门表面花纹光滑、整齐、漂亮的，往往不是真正的实木门。

实木门

（三）市场常用实木门价格

市场常用实木门价格见表7-1。

表7-1　　　　　　　　　　市场常用实木门价格

产品名称	品　牌	规　格	参考价格（元/樘）
恒春工艺成套实木门（柚木）	恒春实木门	B5	2260.00
恒春工艺成套实木门（黑胡桃）	恒春实木门	B3	2050.00
恒春工艺成套实木门（黑胡桃）	恒春实木门	F1	2350.00
恒春工艺成套实木门（金丝柚）	恒春实木门	X4	1720.00

产品名称	品　牌	规　格	参考价格（元/樘）
恒春工艺成套实木门（花梨）	恒春实木门	X16	1550.00
恒春工艺成套实木门（红胡桃）	恒春实木门	B10	1780.00
恒春工艺成套实木门（沙比利）	恒春实木门	V9	1800.00
福进指接实木门（柞木）	福进实木门	FJ063B	2520.00
福进指接实木门（柞木）	福进实木门	FJ053B	2320.00
福进指接实木门（柞木）	福进实木门	FJ032A	2180.00
千娇实木门	千娇红木堂	CA23	2820.00
千娇实木门	千娇红木堂	CA12	3250.00
千娇实木门	千娇红木堂	CE01	1050.00
福艺实木系列	福艺木门	SM-001	2200.00
福艺实木系列	福艺木门	SM-002	2350.00

第二节　实木复合门

（一）实木复合门的特点

实木复合门的门芯多以松木、杉木或进口填充材料等粘合而成，外贴密度板和实木木皮，经高温热压后制成。一般实木复合门的门芯多以白松为主，表面则为实木单板。由于白松密度小、重量轻，且较容易控制含水率，因而成品门的重量都较轻，也不易变形、开裂。另外，实木复合门还具有保温、耐冲击、阻燃等特性，具有手感光滑、色泽柔和的特点，而且隔声效果同实木门基本相同。

（二）实木复合门的选购

高级实木复合门对材料有严格的要求，木材必须干燥，有环保指标的必须达标。在此基础上，锯、

实木复合门

切、刨、铣，采用精密机床加工，胶合采用热压工艺，油漆采用喷涂方法，工序之间层层把关检验。用这种先进工艺生产的复合门，具有形体美、精度高、规格准确、漆膜饱满、极不易翘曲变形等优势。一般小工厂生产的门，虽然使用机械加工，但木材很少进行干燥处理，很难保证质量。另外，用手工制作的门，以作坊方式生产，就更无法保证质量了。

在选购实木复合门时，要注意查看门扇内的填充物是否饱满；门边刨修的木条与内框的连接是否牢固；装饰面板与框的粘结应牢固，无翘边、裂缝，板面平整、洁净、无节疤、虫眼、裂纹及腐斑。木纹清晰，纹理美观。

（三）市场常用实木复合门价格

市场常用实木复合门价格见表7-2。

表7-2 市场常用实木复合门价格

产品名称	品牌	规格	参考价格
中发工艺混油门	中发门	标准尺寸	260.00元/樘
中发黑胡桃平板门	中发门	标准尺寸	650.00元/樘
建华红橡实木复合工艺成套门	建华	标准尺寸	1700.00元/樘
建华樱桃实木复合工艺成套门	建华	标准尺寸	1650.00元/樘
建华泰柚实木复合工艺成套门	建华	标准尺寸	1680.00元/樘
建华高密度侧玻百叶门	建华	标准尺寸	1320.00元/樘
赛斯复合木门	赛斯	E608	930.00元/扇
赛斯复合木门	赛斯	SM-BG021MC	780.00元/扇
赛斯复合木门	赛斯	SM-C052MC	910.00元/扇
赛斯复合木门	赛斯	SM-C037BMC	860.00元/扇
伯尔特成套实木复合门	伯尔特	C系列	1620.00元/樘
伯尔特成套实木复合门	伯尔特	B系列	1820.00元/樘
周氏柚枫黑胡桃复合门	周氏	C型	690.00元/扇
周氏柚枫黑胡桃复合门	周氏	B型	820.00元/扇

第三节 模压木门

（一）模压木门的性质

模压木门是由两片带造型和仿真木纹的高密度纤维模压门皮板经机械压制而成。由于门板内是空心的，自然隔声效果相对实木门来说要差些，并且不能遇水。

模压木门

模压木门中以木贴面并刷"清漆"的木皮板面，保持了木材天然纹理的装饰效果，同时也可进行面板拼花，既美观活泼又经济实用。一般的复合模压木门在交货时都带中性的白色底漆，消费者可以回家后在白色中性底漆上根据个人喜好再上色，满足了消费者个性化的需求。

模压木门因价格较实木门和实木复合门更经济实惠，且安全方便，而受到中等收入家庭的青睐。但装修效果却远不及实木门和实木复合门。

（二）模压木门的选购

在选购模压木门时，应注意其贴面板与框连接应牢固，无翘边、裂缝；门扇边刨修过的木条与内框连接应牢固；内框横、竖龙骨排列符合设计要求，安装合页处应有横向龙骨；板面平整、洁净、无节疤、虫眼、裂纹及腐斑、木纹清晰、纹理美观且板面厚度不得低于3mm。

（三）市场常用模压木门价格

市场常用模压木门价格见表7-3。

表7-3　　　　　　　　市场常用模压木门价格

产品名称	品　牌	规　格	参考价格
美森耐底漆四季风采标准模压门	美森耐	标准尺寸	410.00元/扇
美森耐宫殿标准模压门	美森耐	标准尺寸	620.00元/扇

续 表

产品名称	品 牌	规 格	参考价格
美森耐木纹单扇模压门	美森耐	标准尺寸	405.00元/扇
美森耐底漆单扇模压门	美森耐	标准尺寸	410.00元/扇
美森耐底漆单扇新款模压门	美森耐	标准尺寸	470.00元/扇
伯尔特成套平板变异门	伯尔特	A2	960.00元/樘
伯尔特成套平板变异模压门	伯尔特	A1	780.00元/樘
伯尔特成套新款门	伯尔特	A2	900.00元/樘
伯尔特成套标准门	伯尔特	Ⅱ型	760.00元/樘
伯尔特成套标准模压门	伯尔特	Ⅰ型	670.00元/樘

第四节 塑钢门窗

（一）塑钢门窗的特点

塑钢是以聚氯乙烯（PVC）树脂为主要原料，加上一定比例的稳定剂、着色剂、填充剂、紫外线吸收剂等，经挤出成型材，然后通过切割、焊接或螺栓连接的方式制成框架，配装上密封胶条、毛条、五金件等，同时为增强型材的刚性，型材空腔内需要添加钢衬（加强筋）。

塑钢一般用于门窗框架，这样制成的门窗，又称为塑钢门窗。塑钢门窗具有良好的气密性、水密性、抗风压性、隔声性、防火性，成品尺寸精度高，不变形，容易保养。

塑钢门窗的施工工艺流程见表7-4。

表 7-4　　　　　　　　塑钢门窗的施工工艺流程

工艺名称	工艺流程
弹安装位置线	门窗洞口的周边结构达到强度后，按照施工图纸弹出门窗安装位置线，同时检查洞口内预埋件的位置和数量。如预埋件位置和数量不符合设计要求或没有预埋铁件或防腐木砖，则应在门窗安装线上弹出膨胀螺栓的钻孔位置。且钻孔位置应与框子连接铁件的位置相对应

续 表

工艺名称	工艺流程
框子安装连接铁件	框子连接铁件的安装位置是从门窗框宽和高度两端向内各标出150mm，作为第一个连接铁件的安装点，中间安装点间距≤600mm。安装方法是先把连接铁件与框子成45度角放入框子背面燕尾槽内，顺时针方向把连接件扳成直角，然后成孔旋进φ4×15mm自攻螺钉固定，严禁用锤子敲打框子，以免损坏
立樘子	把门窗放进洞口安装线上就位，用对拔木楔临时固定。校正正、侧面垂直度、对角线和水平度合格后，将木楔固定牢靠。为防止门窗框受木楔挤压变形，木楔应塞在门窗角、中竖框、中横框等能受力的部位。框子固定后，应开启门窗扇，反复检查开关灵活度，如有问题应及时调整；用膨胀螺栓固定连接件时，一只连接件不得少于2个螺栓。如洞口是预埋木砖，则用两只螺钉将连接件紧固于木砖上
塞缝	门窗洞口面层粉刷前，除去安装时临时固定的木楔，在门窗周围缝隙内塞入发泡轻质材料，使之形成柔性连接，以适应热胀冷缩。从框底清理灰渣，嵌入密封膏应填实均匀。连接件与墙面之间的空隙内，也需注满密封膏，其胶液应冒出连接件1~2mm。严禁用水泥砂浆或麻刀灰填塞，以免门窗框架受震变形
安装小五金	塑料门窗安装小五金时，必须先在框架上钻孔，然后用自攻螺丝拧入，严禁直接捶击打入
安装玻璃	扇、框连在一起的半玻平开门，可在安装后直接装玻璃。对可拆卸的窗扇，如推拉窗扇，可先将玻璃装在扇上，再把扇装在框上
清洁	门窗洞口墙面面层粉刷时，应先在门窗框、扇上贴好防污纸以避免水泥砂浆污染。局部受水泥砂浆污染的，应及时用擦布擦拭干净。玻璃安装后，必须及时擦除玻璃上的胶液等污染物，直至光洁明亮

（二）塑钢门窗的种类

目前塑料门窗的种类很多，按开启方式分类为平开窗、平开门、推拉窗、推拉门、固定窗、旋窗等。按构造分类为单玻、双玻、三玻门窗等。

（三）塑钢门窗的选购

塑钢门窗的价格适中，国内知名品牌的普通型材每平方米在200~400元。选购时应注意，优质的塑钢门窗是青白色，而不是消费者通常认为的白色。相反，刺眼雪白的型材防晒能力差，老化速度也快。优质型材外观应具有完整的剖面，外表光洁无损，内壁平直，光度则不做具体要求，型材壁较厚。反之，剖面有气泡、压伤、裂纹等的属劣质型材。

塑钢门窗

在选购时应注意以下几点。

（1）不要买廉价的塑钢门窗。门窗表面应光滑平整，无开焊断裂；密封条应平整、无卷边、无脱槽、胶条无气味。门窗关闭时，扇与框之间无缝隙，门窗四扇均为接一整体、无螺钉连接。

（2）重视玻璃和五金件。玻璃应平整、无水纹。玻璃与塑料型材不直接接触，有密封压条贴紧缝隙。五金件齐全，位置正确，安装牢固，使用灵活。门窗框、扇型材内均嵌有专用钢衬。

（3）玻璃应平整，安装牢固。安装好的玻璃不直接接触型材。不能使用玻璃胶。若是双玻夹层，夹层内应没有灰尘和水汽。开关部件关闭严密，开关灵活。推拉门窗开启滑动自如，声音柔和，绝无粉尘脱落。

（4）塑钢门窗均在工厂车间用专业设备制作，只可现场安装，不能在施工现场制作。

消费者在选购塑钢门窗的时候，发现差价非常大。便宜的每平方米100元左右，而贵的则可高达上千元，原因主要在于型材和五金配件的不同而造成的价格差异。

（四）市场常用塑钢门窗价格

市场常用塑钢门窗价格见表7-5。

表7-5　　　　　　　市场常用塑钢门窗价格

产品名称	品　牌	规　格	参考价格（元/m²）
海螺推拉窗（单玻）	海螺塑钢门窗	80	180.00
海螺推拉窗（中空）	海螺塑钢门窗	80	225.00
海螺推拉窗（单玻）	海螺塑钢门窗	88	190.00

续 表

产品名称	品 牌	规 格	参考价格（元/m²）
海螺推拉窗（中空）	海螺塑钢门窗	88	235.00
海螺推拉门（单玻）	海螺塑钢门窗	60	230.00
海螺推拉门（中空）	海螺塑钢门窗	60	270.00
实德平开窗（单玻）	实德塑钢门窗	60	245.00
实德平开窗（中空）	实德塑钢门窗	60	285.00
实德对开门（单玻）	实德塑钢门窗	60	345.00
实德对开门（中空）	实德塑钢门窗	60	385.00
LG好佳喜推拉窗（单玻）	LG好佳喜塑钢门窗	85	220.00
LG好佳喜推拉窗（中空）	LG好佳喜塑钢门窗	85	260.00
LG好佳喜推拉门（单玻）	LG好佳喜塑钢门窗	114	450.00
LG好佳喜推拉门（中空）	LG好佳喜塑钢门窗	114	630.00
柯梅令推拉窗（单玻）	柯梅令塑钢门窗	80	385.00
柯梅令推拉窗（中空）	柯梅令塑钢门窗	80	425.00
柯梅令平开窗（单玻）	柯梅令塑钢门窗	58	490.00
柯梅令平开窗（中空）	柯梅令塑钢门窗	58	540.00
柯梅令推拉门（单玻）	柯梅令塑钢门窗	78	610.00
柯梅令推拉门（中空）	柯梅令塑钢门窗	78	660.00

第八章　装饰纤维制品

第一节　装饰地毯

（一）装饰地毯的性质

地毯作为地面装饰材料之一，比起其他地面装饰材料，其发展的历史进程非常悠久，可以追溯到古埃及时代。地毯是一种高级地面装饰材料，它不仅有隔热、保温、吸声、富有良好的弹性等特点，而且铺设后可以使室内呈现高贵、华丽、美观、悦目的气氛。

装饰地毯

地毯在实际应用中的功能见表8-1。

表8-1 地毯在实际应用中的功能

功 能	应 用
美化生活环境	地毯的设计已经从平面印染的单调概念脱颖而出，与环境艺术、空间造型等设计紧密结合，使地毯更具有丰富的图案与色彩，与家具及其他装饰器件一起，构成一幅和谐、协调、舒适的图画，给人一个良好的心态。人处于居室中有舒畅、轻松的感觉；在环境里则又有清新、优雅、整齐的心情；在宾馆或其他公共场所，给人一种平静、安宁的气氛
舒适安全	人行走在地毯上，会觉得舒畅悠闲，能减少疲劳。不会出现硬质地面与硬质鞋底频频碰击产生的震动，因而也不易打滑跌倒，即使跌倒了也不易受伤，同时易碎物品掉地时，也可防止或减轻破损程度
吸声隔声	地毯具有优良的吸声效果，使居室内变得安静；在办公室能吸收电话和其他杂音，能阻隔来自顶层楼板以及室外楼梯、通道传递过来的冲击声和脚步声
防尘环保	由于地毯的毯面为密集的绒头结构，因此从空中下落到地毯的尘埃为绒头所粘，阻止向外界飞逸开来。即使两次步行踩踏地毯所产生的扬尘，其程度也远低于硬质地面，相对地降低了空气中的含尘量。在冬季能阻隔来自外面的冷气，节约室内空调能源，有很强的保暖效果
保暖、调节温度	地毯大多由保温性能良好的各种纤维织成，大面积地铺垫地毯可以减少室内通过地面散失的热量，阻断地面寒气的侵袭，使人感到温暖、舒适。地毯织物纤维之间的空隙具有良好的调节空气湿度的功能，当室内湿度较高时，它能吸收水分；室内较干燥时，空隙中的水分又会释放出来，使室内湿度得到一定的调节平衡，令人感到舒爽

地毯铺设的施工工艺流程见表8-2。

表 8-2 地毯铺设的施工工艺流程

工艺名称	工艺流程
基层清理	地面铺设地毯前应保持干燥，含水率不得大于8%。局部有酥松、麻面、起砂、潮湿和裂缝地面，必须返工后才可进行地毯铺设
裁割	裁割前应量准房间的实际尺寸。下料时，按房间长度加20mm，宽度应扣去地毯边缘后计算，然后在地毯背面弹线。如是大面积铺设，裁割时应使用裁边机
钉卡	地毯沿墙边和柱边的固定一般是在离踢脚线8mm处用钢钉或射钉将木板倒刺板钉在地面上。外门口或地毯与其他材料的相接处，则采用铝合金"L"型倒刺条、踢条或其他铝压条，将地毯的端边固定和收口

工艺名称	工艺流程
拼缝	缝合拼缝：将纯毛地毯背面朝上铺平，对齐接缝，使花色图案吻合，用直针缝线缝合结实，再在缝合部位涂刷5~6cm的一道白乳胶，粘贴牛皮纸或白布条；粘接拼缝：一般用于有麻布衬底的化纤地毯。先在地面上弹一条线，沿线铺一条麻布带，在带上涂刷一层地毯胶粘剂，然后将地毯接缝对好花纹图案，粘贴平整
铺设	地毯就位后，先固定一边，将大撑子承脚顶住对面墙或柱。用大撑子扒齿抓住地毯，拼装连接管，通过撑头杠杆伸缩将地毯张拉平整。连接管可任意拼装；将地毯一条长边固定在沿墙的倒刺板上，把地毯毛边塞入踢脚线下面的空隙内，然后用小地毯撑子置在地毯上用手压住撑子，再用膝盖顶住撑子的胶垫，从一个方向向另一边逐步推移，使地毯拉平拉直。多人同步作业，反复多次，直到拉平为止
粘贴	粘贴固定地毯是将地毯用胶粘剂粘接在地面面层上予以固定，因此一般不铺衬垫

（二）装饰地毯的种类

地毯的种类很多，按原料分有纯毛地毯、化纤地毯、混纺地毯、橡胶地毯、剑麻地毯等；按图案分有京式地毯、美术式地毯、东方式地毯、彩花式地毯、素凸式地毯、古典式地毯等；按结构款式分有方块地毯、花式方块地毯、草垫地毯、小块地毯、圆形地毯、半圆形地毯、椭圆形地毯等。

纯毛地毯

（1）纯毛地毯主要原料为粗绵羊毛。纯毛地毯根据织造方式不同，一般分为手织、机织、无纺等品种。

纯毛地毯因具有质地柔软、耐用、保暖、吸声、柔软舒适、弹性好、拉力强、光泽足、质感突出、富丽堂皇等优点而深受人们的喜爱。但纯毛地毯价格较高、易虫蛀、易长霉，从而影响了使用，室内装饰一般选用小块纯毛地毯作为客厅或卧室等空间的局部铺设。较高档次的场所，如星级酒店则选择室内空间满铺的形式，以衬出高贵、华丽的气氛。

（2）化纤地毯是以化学纤维为主要原料制成的。化纤地毯的出现弥补了纯毛地毯价格高、易磨损的缺陷。其种类较多，如聚丙烯纤维（丙纶）、聚丙烯腈纤维（腈纶）、聚酯纤维（涤纶）、尼龙纤维（锦纶）等地毯。化纤地毯一般由面层、防松层和背衬三部分组成。面层以中、长簇绒

化纤地毯

制作；防松层以氯乙烯共聚乳液为基料，添加增塑剂、增稠剂和填充料，以增强绒面纤维的固着力；背衬是用胶粘剂与麻布粘结胶合而成。

化纤地毯外观与手感类似纯毛地毯，具有吸声、保温、耐磨、抗虫蛀等优点，但弹性较差，脚感较硬，易吸尘、积尘。化纤地毯价格较低，能为大多数消费者采用。

化纤地毯中的锦纶地毯耐磨性好，易清洗、不腐蚀、不虫蛀、不霉变，但易变形，易产生静电，遇火会局部熔解；涤纶地毯耐磨性仅次于锦纶，耐热、耐晒，不霉变、不虫蛀，但染色困难；丙纶地毯质轻、弹性好、强度高，原料丰富，生产成本低；腈纶地毯柔软、保暖、弹性好，在低伸长范围内的弹性回复力接近于羊毛，比羊毛质轻，不霉变、不腐蚀、不虫蛀，缺点是耐磨性差。

化纤地毯的装饰效果主要取决于地毯表面结构的形式，表面的结构不同，装饰效果也有很大的区别。一般有平面毛圈绒头结构、多层绒头高低针结构、割绒（剪毛）结构、长毛绒结构、起绒（粗绒）结构。

平面毛圈绒头结构的特点是全部毛圈绒头高度一致，未经剪割，表面平滑，结实耐用；多层绒头高低针结构的特点是地毯毛圈绒头高度不一致，表面起伏有致，富有雕塑感，花纹图案好像刻在地毯上；割绒（剪毛）结构的特点是把毛圈顶部剪去，毛圈即成两个绒束，地毯表面给人以优雅纯净，一片连绵之感；长毛绒结构的特点是绒头纱线较为紧密，用料严格，

有"色光效应"，使色泽变化多姿，或浓淡，或明暗；起绒（粗绒）结构的特点是数根绒紧密相集，产生小结块效应，地毯非常结实，适用于交通频繁的场所使用。

（3）混纺地毯品种很多，常以纯毛纤维和各种合成纤维混纺。混纺地毯结合纯毛地毯和化纤地毯两者的优点，在羊毛纤维中加入化学纤维而成。如加入20%的尼龙纤维，地毯的耐磨性能就比纯毛地毯高出5倍，同时克服了化纤地毯静电吸尘的缺点，也可克服纯毛地毯易腐蚀等缺点，具有保温、耐磨、抗虫蛀、强度高等优点。弹性、脚感都比化纤地毯好，价格适中，为不少消费者所青睐。

混纺地毯

（4）橡胶地毯是以天然橡胶为原料，经蒸汽加热、模压而成。其绒毛长度一般为5~6mm，除了具有其他地毯特点外，还具有防霉、防滑、防虫蛀，而且有隔潮、绝缘、耐腐蚀及清扫方便等优点。常用的规格有500mm×500mm、1000mm×1000mm方块地毯，其色彩与图案可根据要求定做，其价格同簇绒化纤地毯相近。可用于楼梯、浴室、走廊、体育场等潮湿或经常淋雨的地面铺设。

（5）剑麻地毯以剑麻纤维为原料，经纺纱、编织、涂胶、硫化等工序制成。产品分素色和染色两种，有斜纹、鱼骨纹、帆布平纹、多米诺纹等多种花色。幅宽4m以下，卷长50m以下，可按需要裁割。其价格比纯毛地毯低，但弹性较差，具有抗压、耐磨、耐酸碱、无静电等优点。

剑麻地毯

剑麻地毯属于地毯中的绿色产品，可用清水直接冲刷，其污渍很容易清除；同时不会释放化学成分，能长期散发出天然植物特别的清香，可带来愉悦的感受。如赤足走在上面，还有舒筋活血的功效；还具有耐腐蚀、酸碱等特性，如在烟头类火种落下时，不会因燃烧而形成明显痕迹。剑麻地毯相对使用寿命较长。目前这类地毯售价较高，但仍然被很多消费者青睐。

我国比较著名的地毯品种见表8-3。

表8-3   著名的地毯品种

名　称	特　点
安顺布依地毯	图案吸收布依族艺术，借鉴朴实民族风格与典雅艺术特色。色彩素雅美观，明快朴实，富有浓厚的乡土气息。毯面呈现丝光效果，柔软光亮，具有较高的实用价值与欣赏价值
版纳地毯	产于云南昭通市，纯手工编织。图案源于西双版纳的多个民族的民间纹样，具有浓郁地方特色与民族风格，原料采用当地藏羊优质羊毛，光泽度好，拉力强，富有弹性，坚韧耐磨，色泽与弹性持久
包头汉宫地毯	产于内蒙古包头市，为波斯地毯的仿制品。其图案纹样与汉代宫廷地毯相近。产品色泽沉稳，花纹细腻，厚度适宜，经久耐用
北京地毯	始于清咸丰年间，1860年西藏达赖喇嘛进京，带来大量贡毯，后招艺人鄂尔达尼玛携徒两人来京，设地毯传教所。自此，织造技艺开始在民间流传，经数代艺人努力，成为独具特色的北京地毯
和田地毯	和田地毯历史悠久，驰名中外。特点是毛质好，绒密毛长，色彩鲜艳，制作精细，图案多样，编织讲究。图案结构严谨而富有韵律感，多样而富有生活气息

续 表

名　称	特　点
河北地毯	以产品经化学水洗处理后，极大提高质量而著名，不仅去污杀菌，表里整洁，回缩定型，并使毯面毛绒断面破捻，增进其丝绸织物般光泽滑润丰满的手感，柔韧持久的弹力与艳丽明快的色彩
临洮仿古地毯	产于甘肃省临洮县，系选用纤维长、光泽好、拉力强、粗细适度的土种羊毛为原料，采用植物染色工艺，手工织作，并经化学洗制而成
内蒙古仿古地毯	产于内蒙古阿拉善左旗、杭锦后旗和准格尔旗等地。由于采用机纺纱抽绞织造及化学水洗，故又称机抽洗地毯。产品工艺精湛，牢固耐用，典雅美观，古色古香
南京天鹅绒毯	系以棉纱为底背，绒丝为绒经的提花织物。产于江苏省南京市，是在20世纪50年代末期参考国外伊斯兰教礼拜堂的祈祷毯的基础上，经研究、仿制而成。宜作为馈赠礼品
宁夏仿古地毯	按古典图案设计制作，精美古朴，构思巧妙，富有伊斯兰民族风格与地方特色。成品外观舒展，色泽光亮如缎，毛头蓬松，富有弹性，手感丰柔饱满，耐磨耐压而不变形
青海地毯	西宁毛被公认为制毯的上等原料。青海地毯坚韧耐磨，弹性良好，毯面丰满，质地柔软，色泽鲜艳。踩踏后，毛丛迅速恢复原状，不致变形或塌陷。使用年代愈久，光泽愈亮
如皋手工丝毯	光洁夺目、构图优雅、富丽堂皇、手感柔软并阻燃隔声。每平方英尺饰有12960～14400个手工栽绒结，道数密，花纹细，造型准，做工精细，精密度超过著名的伊朗波斯毯，风格华贵高雅
山东地毯	高级手工栽绒地毯，国际市场上统称青岛海鸥地毯。图案花纹细腻清晰、高雅华贵，或以庄重典雅见长，或以色彩缤纷取胜。其直立的绒毛虽受长年践踏，依然挺拔、不变形、不倒伏
山西地毯	产品毛质优良，结构致密，图案典雅，立体感强，富有浓厚的地方色彩与民族风格。以太原、昔阳、神祖、五寨、山阴、阳泉、陵川等市县所产质量最优
上海地毯	手工羊毛地毯，保持浓厚的民族风格与上海地方特色，并吸取我国古代艺术纹样及构图特点，借鉴某些外来艺术，构成色彩协调、古朴新颖、图案丰富的特色
天津地毯	线条流畅，纹路清晰，密度合理，厚度适中，毛质挺拔，富有弹性，配色协调，品种繁多。其风格有日本风格帐绣式地毯、西欧风格装饰毯、原始色彩的津环地毯与风格粗犷的氆氇地毯等
西藏地毯	西藏高原的羊毛有毛质粗硬、弹性强的优点，很适合做地毯。西藏地毯编织紧密，弹性强，保暖隔潮，经久耐用，且色彩鲜艳，构图生动，美观大方，具有浓厚的高原情趣与独特的民族风格

续表

名 称	特 点
新疆地毯	新疆被认为是世界上编织地毯的起源地。新疆为人民大会堂新疆厅织出重达2.5t，面积为460m^{2}的大地毯，具有浓郁的民族风格与地方特色，被称为"地毯之王"
榆林地毯	全为手工织造，织工精细，毯型周正，道数充足，厚度准确，板硬挺直，图案优美，色泽调和，不易褪色，富有弹性，手感滑润，脚感柔韧
浙川皇冠地毯	丝毛交织，手工织制。精选桑蚕丝和地产优质羊毛为原料，以羊毛做地，桑蚕丝做花型，图案考究，设计新颖，做工精美，集地方民俗与波斯风格于一身

（三）装饰地毯的选购

在选购时，要注意以下几点。

（1）选购地毯时首先要了解地毯纤维的性质，简单的鉴别方法一般采取燃烧法和手感、观察相结合的方法。棉的燃烧速度快，灰末细而软，其气味似燃烧纸张，其纤维细而无弹性，无光泽；羊毛燃烧速度慢，有烟有泡，灰多且呈脆块状，其气味似燃

纯毛地毯

烧头发，质感丰富，手捻有弹性，具有自然柔和的光泽；化纤及混纺地毯燃烧后熔融呈胶体并可拉成丝状，手感弹性好并且重量轻，其色彩鲜艳。

（2）选择地毯时，其颜色应根据室内家具与室内装饰色彩效果等具体情况而定，一般客厅或起居室内宜选择色彩较暗、花纹图案较大的地毯，卧室内宜选择花型较小、色彩明快的地毯。

（3）地毯施工用量核算（适用于地毯满铺时的情况）：由于地毯铺贴时常常需要剪裁，所以，核算时在实际面积计算出来后，要再加8%～12%的损耗量。有的地毯要求加弹性胶垫，其所需用量与地毯相同。

（4）观察地毯的绒头密度。可用手去触摸地毯，产品的绒头质量高，毯面的密度就丰满，这样的地毯弹性好、耐踩踏、耐磨损、舒适耐用。但不要采取挑选长毛绒的方法来挑选地毯，表面上看起来绒绒乎乎好看，但绒头密度稀松，易倒伏变形，这样的地毯不耐踩踏，易失去地毯特有的性能，不耐用。

（5）检测色牢度。色彩多样的地毯，质地柔软，美观大方。选择地毯时，可用手或试布在毯面上反复摩擦数次，看其手或试布上是否粘有颜色，如粘有颜色，则说明该产品的色牢度不佳，地毯在铺设使用中易出现变色和掉色，从而影响其在铺设使用中的美观效果。

（6）检测地毯背衬剥离强力。簇绒地毯的背面用胶乳粘有一层网格底布。消费者在挑选该类地毯时，可用手将底布轻轻撕一撕，看看粘结力的程度，如果粘结力不高，底布与毯体就易分离，这样的地毯不耐用。

混纺地毯

（7）看外观质量。消费者在挑选地毯时，要查看地毯的毯面是否平整、毯边是否平直、有无瑕疵、油污斑点、色差，尤其选购簇绒地毯时要查看毯背是否有脱衬、渗胶等现象，避免地毯在铺设使用中出现起鼓、不平等现象，而失去舒适、美观的效果。

（四）市场常用装饰地毯价格

市场常用装饰地毯价格见表8-4。

表8-4　　　市场常用装饰地毯价格

产品名称	品牌	材质	规格	参考价格（元/块）
巧巧羊毛威尔顿地毯	巧巧	羊毛	200mm×300mm	3469.00
巧巧90道手工羊毛毯	巧巧	羊毛	1700mm×2400mm	11699.00
巧巧羊毛加丝地毯	巧巧	羊毛	1700mm×2400mm	3899.00
巧巧12支3股羊毛地毯	巧巧	羊毛	1700mm×2400mm	3355.00
巧巧羊毛带子地毯	巧巧	羊毛	1700mm×2400mm	2899.00
港龙爱琴海地毯	港龙	丙纶	1600mm×2300mm	679.00
港龙爱琴海地毯	港龙	丙纶	1330mm×1900mm	465.00
港龙RX-3瑞尔雪系列	港龙	丙纶	450mm×1500mm	180.00

续表

产品名称	品 牌	材 质	规 格	参考价格（元/块）
港龙RX-6瑞尔雪系列	港龙	丙纶	1200mm×1700mm	406.00
巧巧机织腈纶金银丝线	巧巧	腈纶	1200mm×1700mm	485.00
巧巧腈纶威尔顿	巧巧	腈纶	1700mm×2400mm	1299.00
巧巧腈纶亮光纱	巧巧	腈纶	1400mm×2000mm	1150.00
巧巧腈纶地毯	巧巧	腈纶	1700mm×2400mm	955.00
港龙N-8尼龙印花地毯	港龙	尼龙	1400mm×2000mm	265.00
港龙N-7尼龙印花地毯	港龙	尼龙	1150mm×1600mm	186.00
港龙N-1尼龙印花地毯	港龙	尼龙	400mm×600mm	26.00
红粉佳人人棉丝毯	红粉佳人	棉丝	1550mm×2300mm	885.00
红粉佳人人棉丝毯	红粉佳人	棉丝	1000mm×1400mm	315.00
红粉佳人人棉丝毯	红粉佳人	棉丝	2900mm×2000mm	1659.00
港龙X-1雪尼尔系列	港龙	棉丝	500mm×800mm	69.00
港龙X-2雪尼尔系列	港龙	棉丝	700mm×1400mm	169.00
港龙X-3雪尼尔系列	港龙	棉丝	1100mm×1700mm	315.00
港龙X-4雪尼尔系列	港龙	棉丝	1400mm×2000mm	449.00

第二节 窗帘布艺

（一）窗帘布艺的性质

窗帘具有遮光、防风、除尘、消声等实用性，不但可以保护隐私，调节光线和室内温度，采用较厚的呢、绒类布料的窗帘，还可吸收噪声，在一定程度上起到遮声防噪的效果。

（二）窗帘布艺的种类

现代人更看重的是窗帘的色彩、图案等装饰效果。目前市场上的窗帘五花八门，有自然古朴的苇帘、木帘，也有历久弥新的布艺窗帘，以及最近几年出现的"智能化"遥控窗帘等，其中纯棉、亚麻、丝绸、羊毛质地的布艺窗帘价格较高，但不管是何种材质，新颖的款式和图案已成为决定消费者购买窗帘的重要因素。

经巧思安排，窗帘可以使狭长的窗户显得宽阔、使宽矮的窗户显得雅致，甚至形状不佳的窗户也可用美观而实用的窗帘加以掩饰。它是家居装饰的"点睛之笔"，或温馨或浪漫，或朴实或雍容。

（1）布帘、窗纱。布艺窗帘，是一种较传统的窗帘。经过了多年的发展，仍是人们所喜爱的窗帘品种之一。通常情况下，布艺窗帘的遮光度不是很好，如有需要，可在布帘后加上遮光布，加上遮光布后，遮光度可达 90% 以上。布艺窗帘根据其面料、工艺不同可分为印花布、染色布、色织布、提花布等窗帘。

布艺窗帘（一）

与布艺窗帘布相伴的窗纱不仅能给居室增添柔和、温馨、浪漫的氛围，而且最具有采光柔和、透气通风的特性，可调节人们的心情，给人一种若隐若现的朦胧感。窗纱的面料材质有涤纶、仿真丝、麻或混纺织物等，可根据不同的需要任意搭配。

（2）卷帘。卷帘由质量优良、稳定性高的珠链式及自动式卷帘轨道系统，搭配多样化防水、防火、遮光、抗菌等多功能性卷帘布料而制成。其原理是以一块布利用滚轴，把布由顶部卷上，具有操作容易、方便更换及清洗的特点，将烦琐的传统布帘简单化，是窗帘中最简约的款式。其优点

布艺窗帘（二）

是当卷帘收起时，遮挡窗口的位置较小，所以能让室内得到更大的空间感。卷帘有手拉和电动两种类型，并有多款布料可供选择。

（3）百叶帘。百叶帘的使用比较广泛，应用在办公场所的比较多。百叶帘按安装方式可分为横式百叶帘和竖式百叶帘；按材质可分为亚麻、铝合金、塑料、木质、竹子、布质等百叶帘，不同的材质有不同的风格特点，档次和价格高低也不相同。百叶帘的叶片宽窄也不等，从2～12cm都有。

百叶帘的最大特点在于光线能从不同角度得到任意调节，使室内的自然光富有变化。铝合金百叶帘和塑料百叶帘上还可进行贴画处理，成为室内一道亮丽的风景。

百叶帘（一）

（4）罗马帘。罗马帘是时下最畅销窗帘的一种。可以是单幅的折叠帘，也可以多幅并挂成为组合帘。一般质地的面料都可做罗马帘。它是一种上拉式的布艺窗帘，其特色是较传统两边开的布帘简约，所以能使室内空间感较大。当窗帘拉起时，有一折一折的层次感，让你的窗户增添一份美感。如需遮挡光线，罗马帘背后也可加上遮光布。这种窗帘装饰效果很好，华丽、漂亮、使用简便，但实用性稍差一些。

（5）垂直帘。垂直帘因其叶片一片片垂直悬挂于上轨，由此而得名。垂直帘可左右自由调光，达到遮阳目的。根据其材质不同，可分为铝质帘、PVC帘及人造纤维帘等。其叶片可180°旋转，随意调节室内光线。收拉自如，既可通风，又能遮阳，豪华气派，集实用性、时代感和艺术感于一体。

（6）木竹帘。木竹帘给人以古朴典雅的感觉，使空间充满书香气息。其收帘方式可选择折叠式（罗马帘）或前卷式，而木竹帘也可加上不同款式的窗帘来陪衬。大多数的木竹帘都会使用防霉剂及清漆处理过，所以不必担心发霉虫蛀问题。

木竹帘陈设在家居中能显出风格和品位来，它基本不透光但透气性较好，适用于纯自然风格的家居中，木竹帘的用木很讲究，所以价格偏高。

（三）窗帘布艺的选购

窗帘的挑选是室内装饰中的一个重要环节，窗帘选择的好坏直接影响室内空间的整体效果。在选购时应注意以下几点。

（1）根据不同空间的不同使用功能来选择，如保护隐私、利用光线、装饰墙面、隔声等。例如，浴室、厨房就要选择实用性较强，易洗涤，经得住蒸汽和油脂污染的布料；客厅、餐厅就应选择豪华、优美的面料；书房窗帘要透光性能好，明亮，如真丝窗帘；卧室的窗帘要求厚重、温馨、安全，如选背面有遮光涂层的面料。

布艺窗帘（三）

（2）要符合室内的设计风格。对于窗帘的选择，设计风格是第一要求。

（3）颜色方面。窗帘的配色主要表现为白色、红色、绿色、黄色和蓝色等。选择花色时，除了根据个人对色彩图案的感觉和喜好外，还要注重与家居的格局和色彩相搭配。一般来讲，夏天宜用冷色窗帘，如白、蓝、绿等，使人感觉清净凉爽；冬天则换用棕、黄、红等暖色调的窗帘，看上去比较温暖亲切。

（4）图案方面。窗帘的图案同样对室内气氛有很大的影响，清新明快的田园风光使人心旷神怡，有返朴归真的感觉；颜色艳丽的单纯几何图案以及均衡图案给人以安定、平缓、和谐的感觉，比较适用于现代感较强、墙面洁净的起居室中。儿童居室中则较多地采用动物变形装饰图案。

百叶帘（二）

（5）材质方面。在选择窗帘的质地时，首先应考虑房间的功能，如浴室、厨房就要选择实用性比较强且容易洗涤的布料，该布料要经得住蒸汽和油脂的污染，风格简单流畅；客厅、餐厅可以选择豪华、优美的面料；卧室的窗帘要求厚重、温馨、安全；书房窗帘则要透光性能好、明亮，最好采用淡雅的颜色。

另外，布料的选择还取决于房间对光线的需求量，光线充足，可以选择薄纱、薄棉或丝质的布料；房间光线过于充足，就应当选择稍厚的羊毛混纺或织锦缎来做窗帘，以抵挡强光照射；房间对光线的要求不是十分严格，一般选用素面印花棉质或者麻质布料最好。

（6）人们常常费心挑选窗帘而忽视了窗帘轨的选择。目前市场上出售的窗帘轨多种多样，多为铝合金材料制成，其强度高、硬度好、寿命长。结构上分为单轨和双轨，造型上以全开放式倒"T"形的简易窗轨和半封闭式内含滑轮的窗轨为主。

无论何种样式，要保证使用安全、启合便利，关键是看材质的厚薄，包括安装码与滑轮，两端封盖的质量。可选择采用了先进的喷涂、电泳技术的表面工艺精致美观的产品。同时可以参考近几年出现的新型材料，根据实际需求选择低噪声或无声的窗轨。

（四）市场常用窗帘布艺及附件价格

市场常用窗帘布艺及附件价格见表8-5。

表8-5　　　　　　　　　市场常用窗帘布艺及附件价格

产品名称	品　牌	规　格	参考价格
雅丝竹织帘	雅丝	P80	0.75元/m²
雅丝竹织帘	雅丝	P81	0.80元/m²
雅丝竹织帘	雅丝	P82	1.00元/m²
乐思富百叶花纹色	乐思富	25mm	5.85元/m²
乐思富百叶镭射色	乐思富	25mm	4.56元/m²
乐思富百叶特殊色	乐思富	25mm	3.95元/m²
乐思富百叶标准色	乐思富	25mm	2.88元/m²
乐思富百叶特殊色	乐思富	16mm	4.63元/m²
乐思富百叶标准色	乐思富	16mm	3.76元/m²
名成铝百叶帘哑光全配色	名成	15mm	2.20元/m²
名成铝百叶帘哑粉	名成	25mm	2.20元/m²
名成铝百叶帘哑光	名成	25mm	1.88元/m²

产品名称	品 牌	规 格	参考价格
名成带上梁拉珠卷帘	名成	1.80m	1.78元/m²
名成方型民用拉珠卷帘	名成	1.80m	1.42元/m²
名成卷帘钢拉珠	名成	2.00m	4.30元/m²
名成卷帘钢拉珠全配色	名成	2.00m	1.52元/m²
名成卷帘带上梁拉珠全配色	名成	2.00m	1.32元/m²
丝络雅丝柔百叶标准型	丝络雅	标准	17.23元/m²
拜西菲柱双变径支架	拜西菲	D20mm/D25mm/D15mm	49.00元/个
拜西菲柱单支架	拜西菲	D25mm/D35mm	39.50元/个
拜西菲铝合金双轨支架	拜西菲	D25mm/D25mm	41.00元/个
拜西菲铝合金单轨支架	拜西菲	D25mm	36.00元/个
本曼约银大球窗帘杆	本曼约	3.10m	362.00元/套
本曼约黑大球窗帘杆	本曼约	3.10m	342.00元/套
天日牌窗帘杆单轨	天日	3.50m	265.00元/套
天日牌窗帘杆单轨	天日	3.10m	235.00元/套
福乐嘉桦木单轨（白）	福乐嘉	3.40m	230.0元/套
福乐嘉桦木双轨（白）	福乐嘉	3.40m	415.00元/套
西尔柞木单轨窗帘杆（浅棕）	西尔	3.40m	246.00元/套
西尔柞木双轨窗帘杆（浅棕）	西尔	3.40m	448.00元/套

第三节 装饰壁纸

（一）装饰壁纸的种类

壁纸的发源地在欧洲，目前以北欧发达国家最为普及，环保性能及品质最好；其次是东南亚国家，在日本、韩国壁纸的普及率也高达近90%。在我国，壁纸因其图案的丰富多彩、施工方便快捷，而在家庭装饰中受到广泛的采用。

（1）塑料壁纸。塑料壁纸是以优质木浆纸为基层，以聚氯乙烯塑料为面层，经印刷、压花、发泡等工序加工而成。塑料壁纸品种繁多，色泽丰富，图案变化多端，有仿木纹、石纹、锦缎的，也有仿瓷砖、黏土砖的，在视觉上可达到以假乱真的效果，是目前使用最多的一种壁纸。

碎花装饰壁纸

塑料壁纸又分为普通壁纸、发泡壁纸和特种壁纸三类。这三类壁纸的特性见表8-6。

表8-6　　　　　　　　　　壁纸的特性

种　类	特　性
普通壁纸	普通壁纸花色品种多，有单色压花、印花压花、有光印花、平光印花等多种类型，每种类型又有几十乃至上百种花色
发泡壁纸	发泡壁纸有高发泡印花、低发泡印花、低发泡压花等品种。高发泡壁纸表面呈富有弹性的凹凸花纹，具有吸声和装饰双重功能。低发泡壁纸有拼花、仿木纹、仿瓷砖等花色
特种壁纸	特种壁纸有耐水壁纸、阻燃壁纸、彩砂壁纸等品种，可用于有防水要求的卫生间、浴室，有防火要求的木板墙面装饰及需有立体质感的门厅、走廊局部装饰等。特种壁纸按其功能可分为耐水壁纸、防火壁纸、吸烟壁纸、发光壁纸和风景壁纸等品种

特种壁纸的种类及性能见表8-7。

表8-7　　　　　　　　　特种壁纸的种类及性能

种　类	性　能
耐水壁纸	运用玻璃纤维毡为基料，并在它上面涂塑聚氯乙烯树脂而制成。这种壁纸的耐水性很好，多用于浴室、卫生间等潮湿房间墙壁的装饰
防火壁纸	用100～200g/m²的石棉纸做基材，且在涂塑聚氯乙烯树脂中掺加阻燃剂以使壁纸具有一定的阻燃防火性能。适用于干燥、不易通风的地方

续 表

种 类	性 能
吸烟壁纸	加入了一道特别工序，使其具有能吸收烟味的功能，对于家中有"烟民"的家庭是再适合不过了
发光壁纸	以特殊工艺加工而成，上面装饰有各种有趣的图案，在隔绝了光源的情况下会自动发光。尤其受到小孩子的欢迎
风景壁纸	将风景或油画、图画经过摄影放大，印刷到壁纸上。风景壁纸比一般的壁纸厚，但张贴工艺一样。较适合客厅、书房等

塑料壁纸的规格有窄幅小卷的：幅宽530~600mm，长10~12m，每卷5~6m²，每卷重1~1.5kg；中幅中卷的：幅宽760~900mm，长25~50m，每卷20~45m²；宽幅大卷的：幅宽92~1200mm，长50m，每卷40~90m²。

条纹装饰壁纸

塑料墙纸主要应用于室内装饰装修的内墙面、立体造型等方面，具有装饰效果好、性能优越、加工性能良好、施工方便且透气性好、使用寿命长、易维修保养等特点。塑料壁纸有一定的抗拉强度，耐湿，有伸缩性、韧性、耐磨性、耐酸碱性，吸声隔热，美观大方，施工方便。在计算壁

中花装饰壁纸

纸的用量时，应将窗户的面积也算进去。因为在铺贴壁纸时，壁纸的边缘不可能与窗户的边框完全重合，必然会裁切一部分，这一部分很可能就无法再使用了，属于损耗。

（2）纺织壁纸。纺织壁纸又称纺织纤维墙布或无纺贴墙布，其原材料主要是丝、棉、麻等纤维，由这些原料织成的壁纸（壁布）具有色泽高雅、质地柔和、手感舒适、弹性好的特性。纺织壁纸是较高档的壁纸品种，质感

好、透气，用它装饰居室，能给人以高雅、柔和、舒适的感觉。

纺织壁纸又分为棉纺壁纸、锦缎壁纸和化纤装饰壁纸三类。这三类壁纸的特性见表8-8。

表8-8 三类壁纸的特性

种 类	特 性
棉纺壁纸	由纯棉平布经处理、印花、涂层制作而成，具有挺括、不易折断、有弹性、表面光洁而又有羊绒毛感，纤维不老化、不散失，对皮肤无刺激作用，且色泽鲜艳、图案雅致、不易褪色，具有一定的透气性和可擦洗性等特性。适用于抹灰墙面、混凝土墙面、石膏板墙面、木质板墙面、石棉水泥墙面等基层的粘贴
锦缎壁纸	锦缎墙布是更为高级的一种，要求在3种颜色以上的缎纹底上，再织出绚丽多彩、古雅精致的花纹。缎面色泽绚丽多彩、质地柔软，对裱糊的技术工艺要求很高，属室内高级装饰
化纤装饰壁纸	以涤纶、腈纶、丙纶等化纤布为基材，经处理后印花而成，其特点是无味、透气、防潮、耐磨、不分层、强度高、质感柔和高雅、耐晒、不褪色，适于各种基层的粘贴

（3）天然材料壁纸。天然材料壁纸是一种用草、麻、木材、树叶等天然植物制成的壁纸，如麻草壁纸。它是以纸作为底层，编织的麻草为面层，经复合加工而成。也有用珍贵树种的木材切成薄片制成的。具有阻燃、吸声、散潮等特点，装饰风格自然、古朴、粗犷，给人以置身自然原野的美感。

素色装饰壁纸

（4）玻纤壁纸。玻纤壁纸也称玻璃纤维墙布。它是以玻璃纤维布作为基材，表面涂树脂、印花而成的新型墙壁装饰材料。它的基材是用中碱玻璃纤维织成，以聚丙烯、酸甲酯等作为原料进行染色及挺括处理，形成彩色坯布，再以乙酸乙酯等配置适量色浆印花，经切边、卷筒成为成品。玻纤墙布花样繁多，色彩鲜艳，在室内使用不褪色、不老化，防火、防潮性能良好，可以刷洗，施工也比较简便。

（5）金属膜壁纸。金属膜壁纸是在纸基上涂布一层电化铝箔而制成，具有不锈钢、黄金、白银、黄铜等金属质感与光泽，无毒，无气味，无静电，耐湿、耐晒，可擦洗，不褪色，是一种高档裱糊材料。用该壁纸装修的建筑室内能给人以金璧交辉、富丽堂皇的感受。

仿古装饰壁纸

（二）装饰壁纸的选购

（1）颜色样式的选择。壁纸的颜色一般分为冷色和暖色，暖色以红黄、橘黄为主，冷色以蓝、绿、灰为主。壁纸的色调如果能与家具、窗帘、地毯、灯光相配衬，屋室环境则会显得和谐统一。对于卧房、客厅、餐厅各自不同的功能区，最好选择不同的墙纸，以达到与家具搭配和谐的效果。如，暗色及明快的颜色适宜用在餐厅和客厅；冷色及亮度较低的颜色适宜用在卧室及书房；面积小或光线暗的房间，宜选择图案较小的壁纸等。

竖条纹状图案能增加居室高度，长条状的花纹壁纸具有恒久性、古典性、现代性与传统性等各种特性，是最成功的选择之一。长条状的设计可以把颜色用最有效的方式散布在整张墙面上，而且简单高雅，非常容易与其他图案相互搭配。

大花朵图案能降低居室拘束感，适合于格局较为平淡无奇的房间。而细小规律的图案则能增添居室秩序感，可以为居室提供一个既不夸张又不会太平淡的背景。

（2）产品质量。在购买时，要确定所购的每一卷壁纸都是同一批货，壁纸每卷或每箱上应注明生产厂名、商标、产品名称、规格尺寸、等级、生产日期、批号、可拭性或可洗性符号等。一般情况下，可多买一卷壁纸，以防发生错误或将来需要修补时用。

壁纸运输时应防止重压、碰撞及日晒雨淋，应轻装轻放，严禁从高处扔下。壁纸应储存在清洁、阴凉、干燥的库房内，堆放应整齐，不得靠近热源，保持包装完整，裱糊前再拆包。在使用之前务必将每一卷壁纸都摊开检查，看看是否有残缺之处。墙纸尽管是同一编号，但由于生产日期不同，颜色上便有可能出现细微差异，而每卷墙纸上的批号即代表同一颜色，所以在购买时还要注意每卷墙纸的编号及批号是否相同。

阵列式装饰壁纸

壁纸的施工工艺流程见表8-9。

表 8-9　　　　　　　　　　　壁纸的施工工艺流程

工艺名称	工艺流程
基层处理	如果是旧的涂料墙面，应先进行打毛处理，并在表面涂上一层表面处理剂；刮腻子前，应先在基层刷一层涂料进行封闭，目的是防止腻子粉化、基层吸水；而对于纸面石膏板，主要是对缝处和螺钉孔位处用嵌缝腻子的处理，然后用油性石膏腻子局部找平。当质量要求较高时，应满刮腻子并磨平；如是木夹板与石膏板或石膏板与抹灰面的对缝都应粘贴接缝带
弹线、预拼	裱糊第一幅壁纸前，应弹垂直线作为裱糊时的准线；在底胶干燥后弹基准线，目的是保证壁纸裱糊后横平竖直且图案完整；另外，弹线时应从墙面阴角处开始，将窄条纸的裁切边留在阴角处，原因是在阳角处不得有接缝的出现；如遇门窗部位，应以立边分划为宜，以便于褶角贴立边；在正式拼贴前应进行一次试贴，检验接缝的效果以确定裁切的尺寸大小
裁切	根据裱糊面的尺寸和材料的规格，两端各留出30~50mm，然后裁出第一段壁纸。有图案的材料，应将图形自墙的上部开始对花。裁切时尺子应压紧壁纸后不再移动，刀刃紧贴尺边，连续裁切并标号，以便按顺序粘贴
润纸	塑料壁纸遇水后会自由膨胀，因此在刷胶前必须将塑料壁纸在水中浸泡2~3min后取出，静置20min。如有明水可用毛巾擦掉，然后才能刷胶；玻璃纤维基材的壁纸遇水无伸缩性，所以不需要润纸；复合纸质壁纸由于湿强度较差而禁止润纸，但为了达到软化壁纸的目的，可在壁纸背面均匀刷胶后，将胶面对胶面对叠，放置4~8min后上墙；而纺织纤维壁纸也不宜润纸，只需在粘贴前用湿布在纸背稍擦拭一下即可；金属壁纸在裱糊前应浸泡1~2min，阴干5~8min，然后再在背面刷胶

工艺名称	工艺流程
刷胶粘剂	刷胶粘剂时要薄而均匀、不裹边、不漏刷，且基层表面与壁纸背面应同时涂胶。基层表面的涂刷宽度要比预贴的壁纸宽 20~30mm。塑料 PVC 壁纸裱糊墙面时，可只在基层表面涂刷胶粘剂，而金属壁纸应使用壁纸粉一边刷胶、一边将刷过胶的部分向上卷在壁纸卷上
裱糊	裱糊壁纸时，应按照先垂直面后水平面，然后先细部后大面的顺序进行。其中垂直面先上后下、水平面先高后低。对于需要重叠对花的壁纸，先先裱糊对花，后用钢尺对齐裁下余边。裁切时，应一次切掉不得重割；在赶压气泡时，对于压延壁纸可用钢板刮刀刮平，对于发泡或复合壁纸则严禁使用钢板刮刀，只可使用毛巾或海绵赶平；另外，壁纸不得在阳角处拼缝，应包角压实，壁纸包过阳角应不小于 20mm。遇到基层有突出物体时，应将壁纸舒展地裱在基层上，然后剪去不需要的部分；在裱糊过程中，要防止穿堂风、防止干燥，如局部有翘边、气泡等，应及时修补
修整	如胶迹、拼缝、阴阳角等质量缺陷，应及时修整，以保证装饰效果

一般要从以下几个方面来鉴别。

1）天然材质或合成（PVC）材质。简单的方法可用火烧来判别。一般天然材质燃烧时无异味和黑烟，燃烧后的灰尘为粉末白灰，合成材质燃烧时有异味及黑烟，燃烧后的灰尘为黑球状。

2）好的壁纸着色牢度，可用湿布或水擦洗而不发生变化。

3）选购时，可以贴近产品闻其是否有异味，有刺激性气味产品可能含有过量甲苯、乙苯等有害物质，不宜购买。

4）壁纸表面涂层材料及印刷颜料都需经优选并严格把关，能保证墙纸经长期光照后（特别是浅色、白色墙纸）而不发黄。

4）看图纹风格是否独特，制作工艺是否精良。

（3）壁纸用量的估算。购买壁纸之前可估算一下用量，以便买足同批号的壁纸，减少不必要的麻烦，避免浪费。壁纸的用量用下面的公式计算：

$$壁纸用量（卷）＝房间周长×房间高度×（100＋K）\%$$

式中，K 为壁纸的损耗率，一般为 3~10。K 值的大小与下列因素有关。

1）大图案比小图案的利用率低，因而值略大；需要对花的图案比不需要对花的图案利用率低，K 值略大；同排列的图案比横向排列的图案利用率低，*K*值略大。

2）裱糊面复杂的要比普通平面的需用壁纸量多，*K*值高。

3）拼接缝壁纸利用率高，*K*值最小，重叠裁切拼缝壁纸利用率最低，*K*值最大。

条纹装饰壁纸

（4）壁纸认识上的误区。

1）认为壁纸有毒，对人体有害。这是个错误的宣传导向。从壁纸生产技术、工艺和使用上来讲，PVC树脂不含铅和苯等有害成分，与其他化工建材相比，可以说壁纸是没有毒性的；从应用角度讲发达国家使用壁纸的量和面，远远超过我们国家。技术和应用都说明，塑料壁纸是没有毒性的，对人体是无害的。

2）认为壁纸使用时间短，不愿经常更换、怕麻烦。壁纸的最大特点就是可以随时更新，经常不断改变居住空间的气氛，常有新鲜感。如果每年能更换一次，改变一下居室气氛，无疑是一种很好的精神调节和享受。国外发达国家的家庭有的一年一换，有的一年换两次，逢至圣诞节、过生日都要换一下家中的壁纸。

3）认为贴壁纸容易脱落。容易脱落不是壁纸本身的问题，而是粘贴工艺和胶水的质量问题。使用壁纸不但没有害处，而且有四大好处：一是更新容易；二是粘贴简便；三是选择性强；四是造价便宜。

（三）市场常用装饰壁纸价格

市场常用装饰壁纸价格见表8-10。

表8-10　　　　　　　　市场常用装饰壁纸价格

产品名称	品　牌	规　格	参考价格（元/卷）
Bloom	Brewster（布鲁斯特）	0.53m×10m	468.00
Bloom（腰线）	Brewster（布鲁斯特）	4.6m	240.00
锦绣前程	Brewster（布鲁斯特）	0.68m×8.2m	498.00

产品名称	品 牌	规 格	参考价格（元/卷）
锦绣前程（腰线）	Brewster（布鲁斯特）	5m	286.00
艺术空间	Brewster（布鲁斯特）	0.53m×10m	478.00
创意生活	Brewster（布鲁斯特）	0.53m×10m	428.00
金属时代	Brewster（布鲁斯特）	0.53m×10m	386.00
金属时代（腰线）	Brewster（布鲁斯特）	4.6m	246.00
罗马假日	Brewster（布鲁斯特）	0.53m×10m	320.00
罗马假日（腰线）	Brewster（布鲁斯特）	5m	245.00
爱尔福特墙纸V-710	爱尔福特	0.75m×25m	980.00
爱尔福特墙纸V-705	爱尔福特	0.75m×25m	780.00
爱尔福特墙纸V-702	爱尔福特	0.75m×25m	940.00
爱尔福特墙纸V-707	爱尔福特	0.75m×25m	910.00
爱尔福特墙纸V-706	爱尔福特	0.75m×25m	880.00
爱尔福特墙纸N-261	爱尔福特	0.53m×10.05m	160.00
爱尔福特墙纸N-286	爱尔福特	0.53m×10.05m	180.00
爱尔福特墙纸N-254	爱尔福特	0.53m×10.05m	160.00
爱尔福特墙纸R-79	爱尔福特	0.53m×17m	188.00
爱尔福特墙纸R-80	爱尔福特	0.53m×17m	195.00
爱尔福特墙纸R-82	爱尔福特	0.53m×17m	180.00
爱尔福特墙纸R-20	爱尔福特	0.53m×17m	246.00
爱尔福特墙纸R-32	爱尔福特	0.53m×17m	260.00

第九章 装饰玻璃与管线材料

第一节 装饰玻璃

（一）装饰玻璃的性质及种类应用

玻璃是以石英砂、纯碱、长石、石灰石等为主要材料，在1550～1600℃高温下熔融、成型，经急冷制成的固体材料。若在玻璃的原料中加入辅助原料，或采取特殊工艺处理，则可以生产出具有各种特殊性能的玻璃。普通玻璃的实际密度为2.45～2.55g/cm³,

平板玻璃隔断的应用

密实度高，孔隙率接近为零。

在装饰装修迅速发展的今天，玻璃由过去主要用于采光的单一功能向着控制光线、调节热量、节约能源、控制噪声、降低建筑自重、改善建筑环境、提高建筑艺术等多种功能发展，具有高度装饰性和多种适用性的玻璃新品种不断出现，已成为一种重要的装饰材料。

（二）装饰玻璃的种类

（1）平板玻璃。普通平板玻璃产量最大，用量最多，也是进一步加工成具有多种性能玻璃的基础材料，是以石英砂、纯碱、石灰石等主要原料与其他辅材经高温熔融成型并冷却而成的透明固体。平板玻璃具有透光、隔热、隔声、耐磨、耐气候变化的性能，有的还有保温、吸

钢化玻璃楼梯隔断应用

热、防辐射等特征，被广泛应用于建筑物的门窗、墙面、室内装饰等。其厚度分别有3、4、5、6、8、10、12mm等。常用规格尺寸为300mm×900mm、400mm×1600mm和600mm×2200mm等数种。其可见光线反射率在7%左右，透光率为82%～90%。

（2）浮法玻璃。浮法玻璃的生产成型过程是在通入保护气体（N_2及H_2）的锡槽中完成的。熔融玻璃从池窑中连续流入并漂浮在相对密度大的锡液表面上，在重力和表面张力的作用下，玻璃液在锡液面上铺开、摊平，形成上下表面平整、硬化，冷却后被引上过渡辊台。辊台的辊子转

玻璃砖隔断的应用

动，把玻璃带拉出锡槽进入退火窑，经退火、切裁，就得到平板玻璃产品。浮法玻璃具有表面平滑无波纹、透视性佳、厚度均匀、上下表面平整、互相

平行、规格可做弹性配合、减少切片损失等特性。

（3）钢化玻璃。钢化玻璃又称强化玻璃。它是通过加热到一定温度后再用迅速冷却的方法进行特殊处理的玻璃。它的特性是强度高、耐酸、耐碱，其抗弯曲强度、耐冲击强度比普通平板玻璃高3～5倍。

钢化玻璃的安全性能好，有均匀的内应力，破碎后呈网状裂纹。当其被撞碎时各个碎块不会产生尖角，不会伤人。可制成曲面玻璃、吸热玻璃等，一般厚度为2～5mm。其规格尺寸为400mm×900mm、500mm×1200mm。

磨砂玻璃的应用

钢化玻璃属于安全玻璃,广泛应用于对机械强度和安全性要求较高的场所。如玻璃门窗、建筑幕墙、立面窗、室内隔断、家具、汽车、靠近热源及受冷热冲击较剧烈的隔断屏等。

（4）夹层玻璃。夹层玻璃是一种安全玻璃。它是在两片或多片平板玻璃之间，嵌夹一层以聚乙烯醇缩丁醛为主要成分的 PVB 中间膜，再经热压粘合而成的平面或弯曲的复合玻璃制品。

夹层玻璃的主要特性是安全性好。玻璃破碎时，玻璃碎片不零落飞散，只产生辐射状裂纹，碎片也会被粘在薄膜上，破碎的玻璃表面仍保持整洁光滑，有效防止了碎片扎伤和穿透坠落事件的发生。其抗冲击强度优于普通平板玻璃，防范性好，并有耐光、耐热、耐湿、耐寒、隔声等特殊

镜面玻璃的应用

功能，多用于与室外接壤的门窗。夹层玻璃的厚度一般为6～10mm，规格为800mm×1000mm、850mm×1800mm。

使用了SaflexPVB中间膜的夹层玻璃能阻隔声波，可维持安静、舒适的室

内环境。其特有的过滤紫外线功能，既保护了人们的皮肤健康，又可使室内的贵重家具、陈列品等摆脱褪色的厄运。它还可减弱太阳光的透射，降低制冷能耗。

根据需要可选用普通玻璃、钢化玻璃、LOW－e玻璃作为夹层玻璃的原片，从而使夹层玻璃具有以下不同的优良性能。

1）安全性能。正常人用工具击穿夹层玻璃耗时长、声响大，故通过夹层玻璃进入室内非常困难而且容易被发现，对于人为破坏、偷盗和暴力侵入有很强的抵御作用。

2）抗强风与地震。由于夹层玻璃在破裂时或破裂后，碎片仍保留在原位的性能可以抵抗更强的风力冲击和地震。

3）防弹性能。由夹层安全玻璃制成的防弹玻璃能成功地抵御子弹的穿透。

4）隔声性能。PVB胶膜对声波的阻碍作用，使夹层玻璃能有效阻挡声音的传播，减低噪声。

5）防紫外线。夹层玻璃对紫外线有极高的隔断作用（达99%以上）。

6）保温性能。夹层玻璃具有良好的保温性能，可以减少冬季房间的制暖能耗、夏季房间的制冷能耗，从而达到节能的效果。

目前，夹层玻璃有普通透明、彩色夹层、镀膜夹层、钢化夹层、LOW－e夹层等种类。

夹层玻璃被广泛用于建筑物门窗、幕墙、采光天棚、天窗、吊顶、架空地面、大面积玻璃墙体、室内玻璃隔断、玻璃家具、商店橱窗、柜台、水族馆等几乎所有使用玻璃的场合。

（5）夹丝玻璃。夹丝玻璃又称防碎玻璃。它是将普通平板玻璃加热到红热软化状态时，再将预热处理过的铁丝或铁丝网压入玻璃中间而制成。夹丝玻璃也叫钢丝玻璃，是内部夹有金属丝网的玻璃。

钢化玻璃的应用

夹丝玻璃的特点是安全性和防火性好。夹丝玻璃由于钢丝网的骨架作用，不仅提高了玻璃的强度，而且当受到冲击或温度骤变而破坏时，碎片也不会飞散，避免了碎片对人的伤害。在出现火情时，当火焰蔓延，夹丝玻璃受热炸裂，由于金属丝网的作用，玻璃仍能保持固定，隔绝火焰，故又称为防火玻璃。

但夹丝玻璃也因金属丝与玻璃性质不同而存在一些缺点：其一，在温度剧变时，容易开裂、破损，故不宜用于外门窗、暖气片附近；其二，金属丝沾水易生锈，锈蚀向内部延伸会将玻璃胀裂；其三，切割不便。所以夹丝玻璃比较适用于室内的门窗。

夹丝玻璃厚度分为6、7、10mm，规格尺寸一般不小于600mm×400mm，不大于2000mm×1200mm。

（6）中空玻璃。中空玻璃是由两片或多片平板玻璃构成，四周用高强度、高气密性复合胶粘剂，将两片或多片玻璃与密封条、玻璃条粘结密封，中间充入干燥气体或其他惰性气体，框内充以干燥剂，以保证玻璃片间空气的干燥度。

中空玻璃还可制成不同颜色或镀上具有不同性能的薄膜，整体拼装在工厂完成。玻璃采用平板原片，有浮法透明玻璃、彩色玻璃、防阳光玻璃、镜片反射玻璃、夹丝玻璃、钢化玻璃等。由于玻璃片中间留有空腔，因此具有良好的保温、隔热、隔声等性能。如在空腔中充以各种漫射光线的材料或介质，则可获得更好的声控、光控、隔热等效果。

喷砂玻璃的应用

中空玻璃主要用于需要采暖、空调、防止噪声、结露及需要无直射阳光和需要特殊光线的住宅。其光学性能、导热系数、隔声系数均应符合国家标准。选购时要注意双层玻璃不等于中空玻璃，真正的中空玻璃并非"中空"，而是要在玻璃夹层中间充入干燥空气或是惰性气体。手工作坊的方式是直接把两片玻璃和间隔条用胶粘结起来制作门窗，这会使其在气温骤变时形成水雾，影响使用。

（7）热反射玻璃。热反射玻璃是有较高的热反射能力而又保持良好透光性的平板玻璃，也就是通常所说的镀膜玻璃，通常在玻璃表面镀1～3层膜。热反射玻璃的遮阳系数为0.2～0.6，其产品色彩丰富，对于可见光有适当的透射率，对红外线有较高的反射率，对紫外线有较高的吸收率，因此，也称为阳光控制玻璃。它是采用热解法、真空蒸镀法、阴极溅射法等，在玻璃表面涂以金、银、铜、铝、铬、镍和铁等金属或金属氧化物薄膜，或采用电浮法等离子交换方法，以金属离子置换玻璃表层原有离子而形成热反射膜。热反射玻璃也称镜面玻璃，有金色、茶色、灰色、紫色、褐色、青铜色和浅蓝等各色。

热反射玻璃的热反射率高，如6mm厚浮法玻璃的热反射率仅为16%，同样条件下，吸热玻璃的热反射率为40%，而热反射玻璃则可高达61%，因而常用它制成中空玻璃或夹层玻璃，以增加其绝热性能。镀金属膜的热反射玻璃还有单向透像的作用，即白天能在室内看到室外景物，而室外看不到室内的景象。

（8）玻璃砖。玻璃砖又称特厚玻璃，是由高级玻璃砂、纯碱、石英粉等硅酸盐无机矿物原料高温熔化，并经精加工而成。玻璃砖有空心砖和实心砖两种。空心砖有单孔和双孔两种，内侧面有各种不同的花纹，赋予它特殊的柔光性，如圆环形、电晕形、莫尔形、彩云形、隐约形、树皮形、切纹形等。空心玻璃砖以烧熔的方式将两片玻璃胶合在一起，再用白色胶搅和水泥将边隙密合，可依玻璃砖的尺寸、大小、花样、颜色来做不同的样式。

按光学性质分有透明型、雾面型、纹路型玻璃砖；按形状分，有正方形、矩形和各种异形玻璃砖；按尺寸分，一般有145、195、250、300mm等规格的玻璃砖；按颜色分，有使玻璃本身着色的产品和在内侧面用透明的着色材料涂饰的产品。

玻璃砖具有隔声、防噪、隔热、保温的效果。玻璃砖主要用于砌筑透光墙壁、隔墙、淋浴隔断、通道等。玻璃砖的透光率为40%～80%。钠钙硅酸盐玻璃制成的玻璃砖，其膨胀系数与烧结黏土砖和混凝土均不相同，因此砌筑时在玻璃砖与混凝土或黏土砖连接处应加弹性衬垫，起缓冲作用。砌筑玻璃砖可采用水泥砂浆，还可用钢筋作为加筋材料埋入水泥砂浆砌缝内。

选用玻璃砖，既有分隔作用，又将光引入室内，且有良好的隔声效果。玻璃砖可应用于外墙或室内间隔，提供良好的采光效果，并有延续空间的感觉。不论是单块镶嵌使用，还是整片墙面使用，皆有画龙点睛的效果。

（9）热熔玻璃。热熔玻璃是采用特制的热熔炉，以平板玻璃为基料和无机色料等作为主要原料，设定特定的加热程序和退火曲线，在加热到玻璃软化点以上时，料液经特制成模型的模压成型后加以退火而成，必要的时候，可对其在进行雕刻、钻孔、修裁、切割等后道工序再次精加工。

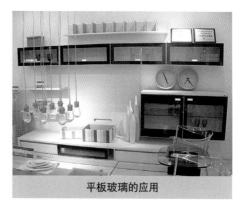

平板玻璃的应用

热熔玻璃又称水晶立体艺术玻璃，是近年来装饰行业中出现的新型材料。热熔玻璃以其独特的装饰效果成为设计单位、玻璃加工业主、装饰装潢业主关注的焦点。热熔玻璃跨越现有的玻璃形态，充分发挥了设计者和加工者的艺术构思，以平板玻璃为基础材料，结合现代或古典的艺术构思，呈现出各种凹凸有致、彩色各异的艺术效果。

热熔玻璃图案丰富、立体感强，解决了普通平板玻璃立面单调、呆板的感觉，使玻璃面呈现有线条和生动的造型，满足了人们对建筑、装饰等风格多样和美的追求；热熔玻璃具有吸声效果，光彩夺目，格调高雅，其珍贵的艺术价值是其他玻璃产品无可比拟的。

热熔玻璃产品种类较多，目前已经有热熔玻璃砖、门窗用热熔玻璃、大型墙体嵌入玻璃、隔断玻璃、一体式卫浴玻璃洗脸盆、成品镜边框，其具有艺术品独特的性质和艺术效果而应用十分广泛，常应用于隔断、屏风、门、柱、台面、文化墙、玄关背景、天花、顶棚等装饰部位。

（10）磨（喷）砂玻璃。磨（喷）砂玻璃又称为毛玻璃，是经研磨、喷砂加工，使表面成为均匀粗糙的平板玻璃。用硅砂、金刚砂或刚玉砂等作为研磨材料，加水研磨制成的，称作磨砂玻璃；用压缩空气将细砂喷射到玻璃表面而成的，称作喷砂玻璃。它具有透光不透型的特点，能使室内光线柔和而不刺眼。

磨（喷）砂玻璃可用于表现界定区域却互不封闭的地方，如制作屏风。一般常用于卫生间、浴室、办公室等空间门窗隔断，也可用于黑板、灯罩、家具、工艺品等。

（11）彩绘镶嵌玻璃。彩绘镶嵌玻璃（又称彩绘玻璃）是一种高档玻璃品种。它是用特殊颜料直接着墨于玻璃上，或者在玻璃上喷雕、镶嵌成各种图案再加上色彩制成的。可逼真地对原画复制，而且画膜附着力强，耐候性好，可进行擦洗。其图案丰富亮丽，可将绘画、色彩、灯光融于一

镜面玻璃的应用

体。居室中彩绘玻璃的恰当运用，能较自如地创造出一种赏心悦目的和谐氛围，增添浪漫迷人的现代情调。

与玻璃制品相比，彩绘玻璃的工艺更为复杂，成品也具有很高的收藏价值。彩绘玻璃上的美丽图案，都是设计师绘画作品的再现。设计师可以在选择好绘画内容、形式之后，交给工匠制作拼接，把经过精致加工的小片异型玻璃用金属条镶嵌焊接，最终制成一幅完整的图案。制作彩绘玻璃的原材料是比较稀有的，特别是一些肌理特殊的原料，需要从国外进口。而制作过程也容不得丝毫马虎，稍有失误，一块原料就报废了。彩绘玻璃自身包含的艺术性和制作工艺的高技巧让它拥有不菲的身价，目前市场价格通常为 $2000 \sim 4000$ 元$/m^2$，远远高出其他玻璃制品。

彩绘镶嵌玻璃的工艺流程见表9-1。

表9-1　　　　　　　　　　　**彩绘镶嵌玻璃的工艺流程**

步　骤	流　程	内　容
1	画稿	首先准备好彩色画稿，最好用水彩或水墨使画稿比较接近玻璃的艺术效果
2	放大画稿	彩色画稿完成以后，放大草图是制作的第二步，放大的画稿必须和实际制作尺寸完全一致，由设计师本人完成。所有制作的尺寸和细节，必须在放大稿上非常详尽地表现出来，并到现场核对尺寸。在分割完放大设计稿以后，在透明纸上剪下样模。剪下的样模的形状就是以后切割玻璃的依据

续 表

步 骤	流 程	内 容
3	确定铅条位置的镶嵌图	放大稿完成后,接下来便是画出镶嵌图稿,它涉及在放大稿上画出铅条的线条。这些线条将确定画面分成多少个小块以及这些小块的玻璃将会是什么形状
4	选择玻璃	为了选择玻璃,我们把放大的画稿固定在墙上并填充颜色,然后用小块玻璃样板对着日光比较颜色和机理,从中挑选最适合的玻璃。挑选玻璃对于一幅彩绘玻璃的作品来说是如此的重要,以至于设计师会在这方面花很多的时间
5	切割玻璃	当选择完玻璃以后,玻璃都须经过切割成形,按照剪下的透明纸切割。必须准确切割,还要考虑省料
6	焙烧	在整幅画稿中,有些部分需要手绘加工,如脸部、手部等手绘的部分需多次入窑炉焙烧。第一次焙烧,用黑色玻璃色粉与树脂及醋或水调配并勾勒轮廓线条,增加黏附度。然后投入到炉窑中焙烧,烧至620℃左右,自然冷却后取出。第二次焙烧,轮廓线烧制完成后,着底色,用特制刷子平涂使颜色在玻璃上非常均匀。然后放到炉窑中焙烧,根据不同材质的玻璃,调节温度,自然冷却后取出。第三次焙烧,上暗部色彩,颜料中有浅棕色、深棕色、灰黑色、暗红色等。在第二次烧制的基础上再次均匀地涂抹颜料,用刷子在玻璃上非常快速地刷平,根据画面的明暗需要,由浅及深地刷,使颜色富有层次感,然后等待15min左右,颜色干枯后,用小刮刀或小笔将画面的亮部颜料轻轻刮去,再放入炉窑焙烧,过程有点像版画的制作。第四次焙烧,经过三次焙烧,轮廓线、底色、暗部画面已基本成型,再进行中间层次的描绘,即细部的刻画,再入炉焙烧到620℃。经过多次焙烧,彩画玻璃的层次会越来越丰富,色彩也会越来越亮丽
7	镶嵌玻璃	在焙烧完玻璃以后,用铅条使小块玻璃相拼接,铅条有多种形状,如扁平的、圆形的、符号U字形、工字形,粗细不同,软、硬度有别,根据不同需要使用。每一个连接点须用电烙铁焊接,熔化焊丝焊接,焊点须自然,大小适中。一面焊完后,小心地将整块翻身,再焊另一面。在镶嵌拼接过程中,要非常严格地按照放大稿相拼接,耐心、仔细以达到玻璃最后所要求的正确尺寸
8	嵌油灰	将油灰加桐油稀释后嵌入铅条和玻璃之间缝隙中,使之牢固,并加强铅条的厚重感,加深色泽,使玻璃和铅条浑然一体
9	加固镶嵌玻璃骨架	玻璃全部拼接完成后,在安装之前,必须考虑到它的牢固度,对风的承受力。所以在有些点上焊上铁丝以便将来安装时能和窗框上的铁条相捆绑连接。这一步骤须在做放大稿时就考虑到它的点位置安排
10	安装	可根据不同的环境、地点、材质采取不同的方法和步骤

（12）雕刻玻璃。雕刻玻璃（又称雕花玻璃）是指在普通平板玻璃上，用机械或化学方法雕出图案或花纹的玻璃。雕花图案透光不透明，有立体感，层次分明，效果高雅。

磨砂玻璃的应用

雕花玻璃分为人工雕刻和电脑雕刻两种。其中，人工雕刻利用娴熟刀法的深浅和转折配合，更能表现出玻璃的质感，使所绘图案给人呼之欲出的感受。雕刻玻璃又分为彩雕、白雕、肌理雕刻等种类。传统的雕刻玻璃是由雕刻师一刀一刀雕刻出来的，手工细腻，所以价格比较昂贵。目前市面上的雕刻玻璃大多采用的是喷砂工艺，由喷砂的薄厚造成凹凸的效果，这也使得其价格大大降低了。

雕花玻璃是家居装修中很有品位的一种装饰玻璃，所绘图案一般都具有个性"创意"，能够反映居室主人的情趣所在和对美好事物的追求。雕花玻璃可任意加工，常用厚度为3、5、6mm，尺寸从150mm×150mm到2500mm×1800mm不等。

（13）冰花玻璃。冰花玻璃是一种利用平板玻璃经特殊处理形成具有不自然冰花纹理的玻璃。冰花玻璃对通过的光线有漫射作用，如做门窗玻璃，犹如蒙上一层纱帘，看不清室内的景物，却有着良好的透光性能，具有良好的装饰效果。

冰花玻璃可用无色平板玻璃制造，也可用茶色、蓝色、绿色等彩色玻璃制造。其装饰效果优于压花玻璃，给人以清新之感，是一种新型的室内装饰玻璃，可用于宾馆、酒楼等场所的门窗、隔断、屏风和家庭装饰。目前最大规格尺寸为2400mm×1800mm。

冰花玻璃的工艺流程见表9-2。

表9-2　　　　　　　　　　　　　冰花玻璃的工艺流程

步　骤	内　容
1	选择玻璃坯

续 表

步 骤	内 容
2	用120~140目的金刚砂对玻璃坯的一个表面湿磨，玻璃坯的行进速度控制为0.85~1m/min，安装金刚砂的磨沙盘的转速控制为200~250r/min
3	对磨砂后的玻璃坯表面进行清洁
4	配胶，将原料为骨胶、牛皮胶、回用胶三者按比例并加热水搅拌均匀以形成胶水状，再将其在隔套水水温为90℃下放置1.5h，待用
5	在温度为25℃环境下，将前述制备的胶水涂布在被砂磨后的玻璃坯表面，涂布厚度为0.2~0.4mm
6	将涂布有胶水的玻璃坯呈水平地置于19~24℃室内环境下，并将湿度降至20%~30%，放置时间为8~12h，以使涂布在玻璃坯表面的胶水干燥
7	低温处理，将玻璃坯在20~22℃的室内环境下放置2~4h，湿度保持为20%~30%
8	中温处理，将室内温度升至28~30℃，湿度降至10%，持续时间为4~6h
9	高温处理，将室温升至45~50℃、湿度降至零、持续时间为3~5h，待胶层自然爆脱后得到冰花玻璃，而爆脱下的胶片可作为回用胶回用

（14）镜面玻璃。镜面玻璃即镜子，是指玻璃表面通过化学（银镜反应）或物理（真空铝）等方法形成反射率极强的镜面反射玻璃制品。

镜面玻璃也叫涂层玻璃或镀膜玻璃，它是以金、银、铜、铁、锡、钛、铬或锰等有机或无机化合物为原料，采用喷射、溅射、真空沉积、气相沉积等方法，在玻璃表面形成氧化物涂层。镜面玻璃的涂层色彩有多种，常用的有金色、银色、灰色、古铜色。这种带涂层的玻璃，具有视线的单向穿透性，即视线只能从有镀层的一侧观向无镀层的一侧。同时，它还能扩大建筑物室内空间和视野，或反映建筑物周围四季景物的变化，使人有赏心悦目的感觉。为提

压花玻璃的应用

高装饰效果，在镀镜之前可对原片玻璃进行彩绘、磨刻、喷砂、化学蚀刻等加工，形成具有各种花纹图案或精美字画的镜面玻璃。

常用的镜面玻璃有明镜、墨镜（也称黑镜）、彩绘镜和雕刻镜等多种。在装饰工程中常利用镜子的反射和折射来增加空间感和距离感，或改变光照效果。

（15）压花玻璃。压花玻璃又称花纹玻璃或滚花玻璃，是采用压延方法制造的一种平板玻璃。其制造工艺分为单辊法和双辊法：单辊法是将玻璃液浇注到压延成型台上，台面可以用铸铁或铸钢制成，台面或轧辊刻有花纹，轧辊在玻璃液面碾压，制成的压花玻璃再送入退火窑；双辊法生产压花玻璃又分为半连续压延和连续压延两种工艺，玻璃液通过水冷的一对轧辊，随辊子转动向前拉引至退火窑，一般下辊表面有凹凸花纹，上辊是抛光辊，从而制成单面有图案的压花玻璃。

钢化玻璃的应用

压花玻璃的品种有一般压花玻璃、真空镀膜压花玻璃、彩色压花玻璃等。压花玻璃的物理性能基本与普通透明平板玻璃的相同，在光学上具有透光不透明的特点，可使光线柔和。其表面有各种图案花纹且表面凹凸不平，当光线通过时产生漫反射，因此从玻璃的一面看另一面时，物像模糊不清。压花玻璃由于其表面有各种花纹，具有一定的艺术效果，多用于办公室、会议室、浴室以及公共场所分离室等处的门窗和隔断。使用时应将花纹朝向室内。

（三）装饰玻璃的选购

玻璃材料是家庭装修中常用的装饰材料之一，是家庭生活中必不可少的材料，在选购时应注意以下几点。

（1）检查玻璃材料的外观，看其平整度，观察有无气泡、夹杂物、划伤、线道和雾斑等质量缺陷。存在此类缺陷的玻璃，在使用中会发生变形或降低玻璃的透明度、机械强度以及玻璃的热稳定性。

（2）选购空心玻璃砖时，其外观质量不允许有裂纹，玻璃坯体中不允许有不透明的未熔融物，不允许两个玻璃体之间的熔接及胶接不良。目测砖体不应有波纹、气泡及玻璃坯体中的不均质所产生的层状条纹。玻璃砖的大面外表面里凹应小于1mm，外凸应小于2mm，重量应符合质量标准，无表面翘曲及缺口、毛刺等质量缺陷，角度要方正。

（3）在运输玻璃材料时，应注意采取防护措施。成批运输时，应采用木箱装，并做好减震、减压的防护；单件运输时，也必须栓接牢固，加减震、减压的衬垫。

（4）不同种类的装饰玻璃外观等级标准。

普通平板玻璃的外观等级标准见表9-3。

表9-3　　　　　　　　　　普通平板玻璃的外观等级标准

缺　陷	说　明	优等品	一等品	二等品
波筋	允许看波筋的最大角度	30°	45° 50mm边部：60°	60° 100mm边部，90°
气泡	长度1mm以下的	集中的不允许	集中的不允许	不限
	长度大于1mm的，每平方米面积允许个数	≤6mm，6	≤8mm，8 8～10mm，2	≤10mm，10 10～20mm，2
划伤	宽度0.1mm以下的，每平方米面积允许条数	长度≤50mm 4	长度≤100mm 4	不限
	宽度大于0.1mm的，每平方米面积允许条数	不许有	宽：0.1～0.4mm， 长：＜100mm，1	宽：0.1～0.8mm 长：＜100mm，2
砂粒	非破坏性的，直径0.5～2mm，每平方米面积允许个数	不许有	3	10
疙瘩	非破坏性的透明疙瘩，波及范围直径不超过3mm，每平方米面积允许个数	不许有	1	3

浮法玻璃的外观质量要求见表9-4。

表9-4 浮法玻璃的外观质量要求

缺陷种类	质量要求			
气泡	长度及个数允许范围			
	长度，L 0.5mm≤L≤1.5mm	长度，L 1.5mm<L≤3.0mm	长度，L 3.0mm<L≤5.0mm	长度，L L>5.0mm
	5.5×S，个	1.1×S，个	0.44×S，个	0，个
夹杂物	长度及个数允许范围			
	长度，L 0.5mm≤L≤1.0mm	长度，L 1.0mm<L≤2.0mm	长度，L 2.0mm<L≤3.0mm	长度，L L>3.0mm
	5.5×S，个	1.1×S，个	0.44×S，个	0，个
点状缺陷密集度	长度大于1.5mm的气泡和长度大于1.0mm的夹杂物；气泡与气泡、夹杂物与夹杂物或气泡与夹杂物的间距应大于300mm			
划伤	长度和宽度允许范围及条数			
	宽0.5mm，长60mm，3×S，条			
断面缺陷	爆边、凹凸、缺角等不应超过玻璃板的厚度			
光学变形	入射角：2mm，40°；3mm，45°；4mm以上，50°			

注　S为以平方米为单位的玻璃板面积，保留小数点后两位。

热反射玻璃的外观质量要求见表9-5。

表9-5 热反射玻璃的外观质量要求

缺陷名称	说　明	优等品	合格品
针孔（孔洞）	直径<1.2mm	不允许集中	—
	1.2mm≤直径≤1.6mm 每平方米允许个数	中部不允许； 75mm边部：3个	—
	1.6mm≤直径≤2.5mm 每平方米允许个数	不允许	75mm边部：8个 中部：3个
	直径>2.5mm	不允许	不允许
斑纹	不允许	不允许	不允许
斑点	1.6mm<直径≤5.0mm 每平方米允许个数	不允许	8个

续　表

缺陷名称	说　明	优等品	合格品
划伤	0.1mm<宽度≤0.3mm 每平方米允许条数	长度≤50mm，4条	不限
	宽度>0.3mm每平方米允许条数	不允许	宽度<0.8mm 长度≤100mm：2条

注　集中针孔（孔洞）是指直径在100mm面积内超过20个。

压花玻璃的外观质量要求见表9-6。

表9-6　　　　　　　　　　　压花玻璃的外观质量要求

缺陷类型	说　明	一等品			合格品		
图案不清	目测可见	不允许					
气泡	长度范围/mm	2≤L<5	5≤L<3	L≥10	2≤L<5	5≤L<15	L≥15
	允许个数	6.0×S	3.0×S	0	9.0×S	4.0×S	0
杂物	长度范围/mm	2≤L<3		L≥3	2≤L<3		L≥3
	允许个数	1.0×S		0	2.0×S		0
线条	长度范围/mm	不允许			长度100≤L≤200，宽度W<0.5		
	允许条数				3.0×S		
皱纹	目测可见	不允许			边部50mm以内轻微的允许存在		
压痕	长度范围/mm	不允许			2≤L<5		L≥5
	允许个数				2.0×S		0
划伤	长宽范围/mm	不允许			长度L≤60，宽度W<0.5		
	允许条数				3.0×S		
裂纹	目测可见	不允许					

注　L表示相应缺陷的长度，W表示其宽度，S是以平方米为单位的玻璃板的面积。

（四）市场常用装饰玻璃价格

市场常用装饰玻璃价格见表9-7。

表9-7　　　　　　　　　市场常用装饰玻璃价格

产品名称	规　格	参考价格
西溪中空玻璃	5mm	105.00元/m²
钢化玻璃	5mm	55.00元/m²
弯钢化玻璃	5mm	100.00元/m²
弯钢化玻璃	8mm	140.00元/m²
弯钢化玻璃	12mm	230.00元/m²
钢化绿色在线镀膜玻璃	6mm	96.00元/m²
低反射镀膜玻璃	6mm钢化	228.00元/m²
磁控镀膜玻璃	6mm钢化	185.00元/m²
镀膜玻璃（DJP-2380）	银灰、银白5mm	100.00元/m²
镀膜玻璃（DJP-2380）	银灰、银白6mm	118.00元/m²
镀膜玻璃（DJP-2380）	银灰、银白8~12mm	145.00元/m²
镀膜玻璃（DJP-2380）	翡翠绿、海洋蓝5mm	105.00元/m²
镀膜玻璃（DJP-2380）	海洋蓝、翡翠绿6mm	125.00元/m²
镀膜玻璃（DJP-2380）	法国绿（F绿）5mm	110.00元/m²
镀膜玻璃（DJP-2380）	法国绿（F绿）6mm	120.00元/m²
镀膜玻璃（DJP-2380）	法国绿（F绿）8mm	160.00元/m²
镀膜玻璃（DJP-2380）	蓝灰色5mm钢化镀膜	120.00元/m²
镀膜玻璃（DJP-2380）	银蓝色6mm钢化镀膜	125.00元/m²
兴沪棕色云形纹玻璃砖	190mm×190mm×80mm	26.00元/块
兴沪粉色云形纹玻璃砖	190mm×190mm×80mm	30.00元/块
兴沪绿色云形纹玻璃砖	190mm×190mm×80mm	22.00元/块
兴沪圆环纹玻璃砖	190mm×190mm×80mm	18.00元/块
兴沪蒙砂纹玻璃砖	190mm×190mm×80mm	15.00元/块
大亨镶嵌系列标准玻璃	1625mm×400mm×20mm	650.00元/块
大亨镶嵌系列标准玻璃	1625mm×508mm×20mm	665.00元/块
大亨镶嵌系列标准玻璃	1625mm×558mm×20mm	730.00元/块

第二节 电 线

（一）电线的性质

家庭装饰装修所用的电线一般分为护套线和单股线两种。护套线为单独的一个回路，外部有PVC绝缘套保护，而单股线需要施工员来组建回路，并穿接专用PVC线管方可如墙埋设。

电线

接线选用绿黄双色线，接开关线（火线）用红、白、黑、紫等任一种。但在同一家装工程中用线的颜色和用途应一致。穿线管应用阻燃PVC线管，其管壁表面应光滑，壁厚要求达到手指用劲捏不破的强度，而且应有合格证书，也可以用符合国家标准的专用镀锌管做穿线管。为了防火、维修及安全，最好选用有长城标志的"国标"铜芯电线。

电线以卷计量，一般情况下每卷线材应为100m，其规格一般按截面面积划分：照明用线选择$1.5mm^2$，插座用线选择$2.5mm^2$，空调用线不得小于$4mm^2$。现在也有每卷25、50m等多种规格的电线。

走线的施工工艺流程见表9-8。

表 9-8　　　　　　　　走线的施工工艺流程

工艺名称	工艺流程
画线	根据设计图纸在墙面、地面或顶面画出走线的准确位置。画线要横平竖直
定位	定位放线，确定线路终端插座，开关，面板的位置
开槽	在顶、墙、地面开线槽，不要横向开槽，要横平竖直
预埋	埋设暗盒及敷设PVC电线管，线管接处用直接，弯处直接窝90°
穿线	单股线穿入PVC管，要用分色线，一般用2.5mm铜线，空调用4mm铜线，接线为左零右火上地
安装	安装开关，面板，各种插座，强弱电箱和灯具
检测	通电检测，检查电路是否通顺，如果要检测弱电有无问题，可直接用万用表检测是否通路
备案	完成电路布线图，备案以便业主日后维修使用

（二）电线的选购

目前，市场上的电线品种多、规格多、价格乱，消费者挑选时难度很大。同样规格的一盘线，因为厂家不同，价格可相差20%～30%。至于质量优劣，长度是否达标，消费者更是难以判定。因此购买电线时，应注意以下几点。

（1）首先看成卷的电线包装牌上有无中国电工产品认证委员会的"长城标志"和生产许可证号；再看电线外层塑料皮是否色泽鲜亮、质地细密，用打火机点燃应无明火。非正规产品使用再生塑料，色泽暗淡，质地疏松，能点燃明火。

（2）看长度、比价格。如BVV2×2.5每卷的长度是（100±5）m，市场售价为280元左右；非正规产品长度为60～80m不等，有的厂家把绝缘外皮做厚，使内行也难以看出问题。但可以数一下电线的圈数，然后乘以整卷的半径，就可大致推算出长度，该类产品价格为100～130元；其次可以要求商家剪一个断头，看铜芯材质。2×2.5铜芯直径为1.784mm，您可以用千分尺量一下。正规产品电线使用精红紫铜，外层光亮而稍软。非正规产品铜质偏黑而发硬，属再生杂铜，电阻率高，导电性能差，易升温而不安全。其中，BVV是国家标准代号，为铜质护套线，2×2.5代表2芯2.5mm^2；4×2.5代表4芯2.5mm^2。

（3）看外观。在选购电线时应注意电线的外观应光滑平整，绝缘和护套层无损坏，标志印字清晰，手摸电线时无油腻感。从电线的横截面看，电线的整个圆周上绝缘或护套的厚度应均匀，不应偏芯，绝缘或护套应有一定的厚度。

（4）消费者在选购电线时应注意导体线径是否与合格证上明示的截面相符，若导体截面偏小，容易使电线发热引起短路。建议家庭照明线路用电线采用1.5mm^2及以上规格的电线；空调、微波炉等功率较大的家用电器应采用4mm^2及以上规格的电线。

（三）**市场常用电线价格**

市场常用电线价格见表9-9。

表9-9　　　　　　　　　市场常用电线价格

产品名称	品　牌	规　格	参考价格（元/m）
迪昌塑铜线	迪昌	BV4.0	3.80
迪昌塑铜线	迪昌	BV2.5	2.60
海燕塑铜线	海燕	BV4.0	4.90
海燕塑铜线	海燕	BV2.5	3.20
迪昌护套线	迪昌	RVV3×4	16.20
迪昌护套线	迪昌	RVV3×2.5	10.20
迪昌护套线	迪昌	RVV3×1.5	6.20
海燕护套线	海燕	RVV3×4	21.00
海燕护套线	海燕	RVV3×2.5	14.40
海燕护套线	海燕	RVV3×1.5	8.40

第三节　铝塑复合管

（一）铝塑复合管的性质

铝塑复合管是新一代的环保化学材料，结构为：塑料→胶粘剂→铝材←胶粘剂←塑料。即内外层是聚乙烯塑料，中间层是铝材，集塑料与金属管的优点于一身，经热熔共挤复合而成。一般工作压力为1.0MPa。介质温度为-40～+60℃，额定工作压力一般为1.0MPa。耐温型铝为95℃，额定工作压力一般为1.0MPa。

铝塑复合管

铝塑复合管和其他塑料管道的最大差别是它结合了塑料和金属的长处，具有独特的优点，即机械性能优越，耐压较高；采用交联工艺处理的交联聚乙烯（PEX）做的铝塑复合管，耐温较高，可以长期在95℃温度下使用，并抗气体的渗透，且热膨胀系数低等。

（二）常用铝塑复合管的规格及应用

常用铝塑复合管的规格见表9-10。

表9-10 常用铝塑复合管的规格

外径（mm）	内径（mm）	壁厚（mm）	容量（m³/m），卷长（mm）
14	10	2	7.9×10^{-5} 100，200
16	12	2	1.13×10^{-4} 100，200
18	14	2	1.54×10^{-4} 100，200
20	16	2	2.01×10^{-4} 100，200
25	20	2.5	3.14×10^{-4} 50，100
32	26	3	5.31×10^{-4} 25，50

铝塑复合管具有优异的耐高低温、耐老化、抗环境应力开裂性，无毒无味，耐腐蚀，无污染，质轻、耐用、保温、隔热等优点，可用于供水管、热水管、煤气管、空调冷却管、电线电缆用管等。

（三）铝塑复合管的选购

在选购铝塑复合管时，应注意以下几点。

（1）检查产品外观。品质优良的铝塑复合管一般外壁光滑，管壁上商标、规格、适用温度、米数等标志清楚，厂家在管壁上还打印了生产编号，而伪劣产品一般外壁粗糙，标志不清或不全，包装简单，厂址或电话不明。

（2）细看铝层。好的铝塑复合管，在铝层搭接处有焊接痕迹，铝层和塑料层结合紧密，无分层现象，而伪劣产品则不然。

（四）市场常用铝塑复合管价格

市场常用铝塑复合管价格见表9-11。

表9-11 市场常用铝塑复合管价格

产品名称	品牌	规格	产地	参考价格（元/m）
金德铝塑复合管	金德	Q1216	辽宁	7.10
金德铝塑复合管	金德	L2025	辽宁	12.60
大寨铝塑管（冷水）	大寨	A-2025	山西	11.80

第四节 PPR管

（一）PPR管的性质

PPR的正式名为"无规共聚聚丙烯"，是由丙烯与其他烯烃单体共聚而成的无规共聚物，烯烃单体中无其他官能团。由于PPR管在施工中采用热熔连接技术，故又被称为热熔管。

PPR管

PPR管在安装时采用热熔工艺，可做到无缝焊接，也可埋入墙内。它的优点是价格比较便宜，施工方便。PPR管具有以下特点。

（1）耐腐蚀、不易结垢，消除了镀锌钢管锈蚀结垢造成的二次污染。

（2）耐热，可长期输送温度为70℃以下的热水。

（3）保温性能好，20℃时的导热系数仅约为钢管的1/200，紫铜管的1/1400。

（4）卫生、无毒，可以直接用于纯净水、饮水管道系统。

（5）重量轻，强度高，PPR密度为0.89～0.91g/cm^3，仅为钢管的1/9，紫铜管的1/10。

（6）管道内流体阻力小，管材内壁光滑，不易结垢，流体阻力远低于金属管道。

（二）PPR管的缺点

PPR管性能的先天不足决定了其应用领域的局限性，与铝塑复合管相比较有以下几处缺点。

（1）PPR管许用应力低，要达到同铝塑复合管相同的工作压力则需较厚的管壁，有效流通面积更小；而铝塑复合管由于中间铝层的增强作用，其许用应力比PPR管大很多，同样壁厚，铝塑复合管的许用应力约是PPR管的2倍。

（2）PPR管通常不能弯曲，耗费接头，这成为PPR管在欧洲市场萎缩的主要原因；而铝塑复合管的独特之处正是可弯曲不反弹。

（3）PPR管耐老化性差，PPR分子链结构中含大量不稳定的叔碳原子，比PE更易受CH_3光、氧、杂质（如铜、铁离子）的作用而老化。因此，PPR产品说明书中一般规定露天堆放时间不得超过半年。而铝塑复合管所用PE塑料，分子链结构是塑料中结构较为稳定的，且由于铝塑复合管中间铝层将内外层隔离，外层塑料允许加入足以抵抗光、氧老化的稳定剂而不影响接触水的内层卫生性。

（4）PPR管耐低温差。PPR有冷脆性（脆点为-20℃），在冬季（5℃以下）施工时即需特别小心；铝塑复合管无冷脆性（脆点为-70℃），在-20℃以下也可轻松安装。PPR管耐热性低于铝塑复合管，PPR的长期使用温度为70℃（50年，1MPa），最高使用温度为95℃；而铝塑复合管长期使用温度为95℃（50年，1MPa），最高使用温度为110℃。

（三）PPR管的选购

在选购时，应注意以下几点。

（1）PPR管有冷水管和热水管之分，但无论是冷水管还是热水管，管材的材质应该是一样的，其区别只在于管壁的厚度不同。

（2）一定要注意，目前市场上较普遍存在管件、热水管用较好的原料、而冷水管却用PPB（PPB为嵌段共聚丙烯）冒充PPR的情况，不同材料的焊接因材质不同，焊接处极易出现断裂、脱焊、漏滴等情况，在长期使用下成为隐患。

（3）选购时应注意管材上的标志，产品名称应为"冷热水用无规共聚聚丙烯管材"或"冷热水用PPR管材"，并有明示执行GB/T18742—2017《冷热水用聚丙烯管道系统》。当发现产品被冠以其他名称或执行其他标准时，应引起注意。

（四）市场常用PPR管价格

市场常用PPR管价格见表9-12。

表9-12		市场常用PPR管价格		
产 品 名 称	品 牌	规 格	产 地	参 考 价 格
皮尔萨全塑PP-R管	皮尔萨	φ20、壁厚3.4mm	土耳其	11.60元/m
皮尔萨全塑PP-R管	皮尔萨	φ25、壁厚3.4mm	土耳其	17.60元/m
地康PP-R热水管	地康	φ20、长3m、壁厚3.4mm	上海	31.20元/根
地康PP-R热水管	地康	φ25、长3m、壁厚4.2mm	上海	44.8元/根
永腾PP-R热水管	永腾	φ20、壁厚3.4mm	山西	12.20元/m
永腾PP-R热水管	永腾	φ25、壁厚4.2mm	山西	18.70元/m

第五节 PVC管

(一) PVC管的性质

PVC排水管是由硬聚氯乙烯树脂加入各种添加剂制成的热塑性塑料管，适用于水温不大于45℃，工作压力不大于0.6MPa的给水、排水管道。连接方式为承插、粘结、螺纹等。强度较低，耐热性能差，其价格也低，多用于做排水管道。

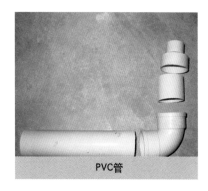

PVC管

一般水路的施工工艺流程见表9-13。

表 9-13	一般水路的施工工艺流程
工艺名称	工艺流程
画线	根据设计图纸在墙面或地面画出走线的准确位置
开槽	凿开穿管所需的孔洞和暗槽
下料	根据设计图纸为PPR给水管和PVC排水管量尺下料
预埋	管路支托架安装和预埋件的预埋

工艺名称	工艺流程
预装	组织各种配件预装
检查	检查调整管线的位置、接口、配件等是否安装正确
安装	经过热熔、胶接正式安装
调试	给水试压、安装调整
修补	修补孔洞和暗槽，与墙地面保持一致
备案	完成水路布线图，备案以便业主日后维修使用

（二）PVC管的选购

在选购时应注意以下几点。

（1）管材上明示的执行标准是否为相应的国家标准，尽量选购执行国家标准的产品。如执行的是企标，则应引起注意。

（2）管材外观应光滑、平整、无起泡，色泽均匀一致，无杂质，壁厚均匀。管材有足够的刚性，用手挤压管材，不易产生变形。

使用管材时要注意以下几点。

（1）隐蔽暗埋的水管尽量采用一根完整的管子，少用接头，管道尽量不要从地下走。

（2）水管安装完成后一定要先试压才能封闭。隐蔽工程更应该注意这一点。

（3）安装完成后一定要索取质保书、管道走向图。

（4）建议请水管厂家或专业安装队安装水管。

第十章　装饰涂料与胶凝材料

第一节　乳胶漆

（一）乳胶漆的性质

　　乳胶漆是以合成树脂乳液涂料为原料，加入颜料、填料及各种辅助剂配制而成的一种水性涂料，是室内装饰装修中最常用的墙面装饰材料。

　　乳胶漆与普通油漆不同，它以水为介质进行稀释和分解，无毒无害，不污染环境，无火灾危险。施工简便，消费者可自己动手涂刷。乳胶漆结膜干燥快，施工工期短，节约装饰装修施工成本。高级乳胶漆还可随意搭配各种

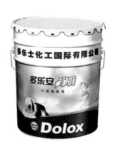

乳胶漆

色彩，随意选择各种光泽，如亚光、高光、无光、丝光、石光等，装饰手法多样，装饰格调清新淡雅，涂饰完成后手感细腻光滑。其价格低廉，经济实惠、维护方便，可任意覆盖涂饰，高档乳胶漆还具有水洗功能，即墙面沾染污渍后使用清水擦洗即可。市场上销售的乳胶漆多为内墙乳胶漆，桶装规格一般为5、15、18L三种。

乳胶漆的施工工艺流程见表10-1。

表 10-1　　　　　　　　　　　乳胶漆的施工工艺流程

工艺名称	工艺说明
基层处理	将墙面上的起皮杂物等清理干净，然后用笤帚把墙面上的尘土等扫净。对于泛碱的基层应先用3%的草酸溶液清洗，然后用清水冲刷干净即可
修补腻子	用配好的石膏腻子将墙面、窗口角等破损处找平补好，腻子干燥后用砂纸将凸出处打磨平整
满刮腻子	用橡胶刮板横向满刮，接头处不得留槎，每一刮板最后收头时要干净利落。腻子配合比为聚醋酸乙烯乳液：滑石粉：水=1:5:3.5。当满刮腻子干燥后，用砂纸将墙面上的腻子残渣、斑迹等打磨、磨光，然后将墙面清扫干净
涂刷乳胶漆（第一遍）	先将墙面仔细清扫干净并用布将墙面粉尘擦净。涂刷每面墙面的顺序宜按先左后右、先上后下、先难后易、先边后面的顺序进行，不得胡乱涂刷，以免漏涂或涂刷过厚、涂料不均匀等。通常情况下用排笔涂刷，使用新排笔时，要注意将活动的笔毛清理干净。乳胶漆涂料使用前应搅拌均匀，根据基层及环境的温度情况，可加10%水稀释，以免头遍涂料涂刷不开。干燥后修补腻子，待修补腻子干燥后，用1号砂纸磨光并清扫干净
涂刷乳胶漆（第二遍）	操作要求同第一遍乳胶漆涂料。涂刷前要充分搅拌，如不是很稠，则不应加水或少加水，以免漏底。漆膜干燥后，用细砂纸将墙面小疙瘩和排笔毛打磨掉，磨光滑后用布擦干净
涂刷乳胶漆（第三遍）	操作要求同第二遍乳胶漆涂料。由于乳胶漆漆膜干燥快，所以应连续迅速操作，涂刷时从左边开始，逐渐涂刷向另一边，一定要注意上下顺刷互相衔接，避免出现接槎明显而需另行处理

优质的乳胶漆有以下特点。

（1）干燥速度快。在25℃时，30min内表面即可干燥，120min左右就可以完全干燥。

（2）耐碱性好。涂于呈碱性的新抹灰的墙和天棚及混凝土墙面，不返粘，不易变色。

（3）色彩柔和、漆膜坚硬、观感舒适、颜色附着力强。

（4）允许湿度可达8%～10%，可在新施工完的湿墙面上施工，而且不影响水泥继续干燥。

（5）调制方便，易于施工。可以用水稀释，用毛刷或排笔施工，工具用完后可用清水清洗，十分便利。

（6）无毒无害、不污染环境、不引火、使用后墙面不易吸附灰尘。

（7）适应范围广。基层材料是水泥、砖墙、木材、三合土、批灰等，都可以进行乳胶漆的涂刷。

（二）乳胶漆的选购

乳胶漆装饰是室内装饰装修中面积最大、也是最重要的一项装饰工程。在选购乳胶漆前，先要了解一下乳胶漆的如下性能。

（1）遮蔽性。覆遮性和遮蔽性使乳胶漆效果更好，施工时间消耗更少。

（2）易清洗性。易清洗性确保了涂面的光泽和色彩的新鲜。

（3）适用性。在施工过程中不会引起出现气泡等状况，使得涂面更光滑。

（4）防水功能。弹性乳胶漆具有优异的防水功能，能防止水渗透墙壁，从而保护墙壁，具有良好的抗碳化、抗菌、耐碱性能。

（5）可弥盖细微裂纹。弹性乳胶漆具有的特殊"弹张"性能，能延伸及弥盖细微裂纹。

目前市场上乳胶漆品牌众多、档次各异、品质不同。在挑选时，可按照以下步骤购买。

（1）用鼻子闻。真正环保的乳胶漆应是水性无毒无味的，所以当你闻到刺激性气味或工业香精味时，尽量不要选择。

（2）用眼睛看。放一段时间后，正品乳胶漆的表面会形成厚厚的、有弹性的氧化膜，不易裂；而次品只会形成一层很薄的膜，易碎，具有辛辣气味。

（3）用手感觉。用木棍将乳胶漆拌匀，再用木棍挑起来，优质乳胶漆往下流时会成扇面形。用手指触摸，正品乳胶漆应该手感光滑、细腻。

（4）耐擦洗。可将少许涂料刷到水泥墙上，涂层干后用湿抹布擦洗，高品质的乳胶漆耐擦洗性很强，而低档的乳胶漆只擦几下就会出现掉粉、露底的褪色现象。

（5）尽量到重信誉的正规商店或专卖店去购买国内、国际知名品牌。选购时认清商品包装上的标志，特别是厂名、厂址、产品标准号、生产日期、有效期及产品使用说明书等。最好选购通过ISO14001和ISO9000体系认证企业的产品，这些生产企业的产品质量比较稳定。产品应符合GB 18582—2001《室内装饰装修材料内墙涂料中有害物质限量》及获得环境认证标志。购买后一定要索取购货发票等有效凭证。

（三）市场常用乳胶漆价格

市场常用乳胶漆价格见表10-2。

表10-2　　　　　　　　　　市场常用乳胶漆价格

产品名称	品　牌	规　格	参考价格
立邦三合一乳胶漆	立邦	5L	290.00元/桶
立邦抗菌三合一乳胶漆	立邦	18L	1050.00元/桶
立邦二代五合一高度防水透气柔光漆	立邦	18L	800.00元/桶
立邦梦幻千色半光超级装饰漆	立邦	4L	260.00元/桶
立邦梦幻千色亚光超级装饰漆	立邦	4L	300.00元/桶
莫威尔内墙缎光乳胶漆	莫威尔	18.93L	180.00元/桶
来威威雅士丝光墙面漆	来威	5L	310.00元/桶
大师内墙中光面漆	大师	3.72L	350.00元/桶
大师内墙蛋壳光面漆	大师	3.42L	385.00元/桶
立邦美得丽	立邦	18L	360.00元/桶
立邦美得丽	立邦	5L	130.00元/桶
立邦金装五合一内墙乳胶漆	立邦	5L	310.00元/桶
立邦温馨家园内墙乳胶漆	立邦	18L	350.00元/桶
立邦净味全效内墙乳胶漆	立邦	5L	400.00元/桶
多乐士二代五合一(抗菌配方)	多乐士	5L	280.00元/桶
多乐士超易洗强化亚光白色漆	多乐士	5L	200.00元/桶
多乐士梦色家白色墙面漆	多乐士	5L	120.00元/桶

续 表

产品名称	品 牌	规 格	参考价格
多乐士梦色家白色墙面漆	多乐士	18L	320.00元/桶
多乐士金装五合一基漆(白色)	多乐士	4.45L	315.00元/桶
多乐士金装防水五合一乳胶漆	多乐士	5L	310.00元/桶
立邦全效合一礼包	立邦	15L	900.00元/套
立邦二代超级五合一金牌大礼包	立邦	20L	880.00元/套
多乐士金装全效加抗碱底漆礼包	多乐士	15L	890.00元/套

第二节　木器漆

（一）木器漆的种类

（1）清油。又称熟油、调漆油。它是以精制的亚麻油等软质干性油加部分半干性植物油，经熬炼并加入适量催干剂制成的浅黄至棕黄色黏稠液体。一般用于调制厚漆和防锈漆，也可单独使用。清油涂刷能够在改变木材颜色的基础上，保持木材原有的花纹，装饰风格自然、纯朴、典雅，但工期较长。主要用于木质家具底漆，是家庭装修中对门窗、护墙裙、暖气罩、配套家具等进行装饰的基本漆类之一。

木器漆

清油涂刷是耗费工时、技术要求高的装修项目，工期由于涂刷面积量、饰面的复杂程度、清漆的种类和质量要求清漆涂刷的等级不同而不同。

（2）清漆。俗称凡立水，是一种不含颜料的透明涂料，是以树脂为主要成膜物质，分为油基清漆和树脂清漆两类。油基清漆含有干性油；树脂清漆不含干性油。常用清漆种类繁多，一般多用于木器家具、装饰造型、门窗、扶手表面的涂饰等。

清漆的施工方法是：基材表面必须干燥、打磨平整并将表面清理干净；刷涂要薄，避免过厚而出现流淌、起皱、气泡等现象；要等漆干透才能刷下一遍，并且每一遍之间都要打磨，以提高漆膜的附着力和光洁度；避免在低温或高温环境下操作；不得随意添加稀料和固化剂；油漆开桶后应尽快用完，避免水分的侵入，以免油漆受损；亚光清漆用前要搅匀，以防沉淀，造成漆膜不均匀。

清漆饰面的施工工艺流程见表10-3。

表 10-3　　　　　　　　　清漆饰面的施工工艺流程

工艺名称	工艺流程
基层处理	先将木材表面上的灰尘、胶迹等用刮刀刮除干净，但应注意不要刮出毛刺且不得刮破。然后用1号以上的砂纸顺木纹精心打磨，先磨线角、后磨平面直到光滑为止。当基层有小块翘皮时，可用小刀撕掉；如有较大的疤痕则应有木工修补；节疤、松脂等部位应用虫胶漆封闭，钉眼处用油性腻子嵌补
涂刷封底漆	为可使木质含水率稳定和增加涂料的附着力，同时也为了避免木质密度因吸油不一致而产生色差，应涂刷一遍封底漆。封底漆应涂刷均匀，不得漏刷
润色油粉	色油粉的配合比为大白粉∶松香水∶熟桐油=24∶16∶2，色油粉的颜色同样板颜色，并用搅拌机充分搅拌均匀后盛在小油桶内。用棉丝蘸油粉反复涂于木材表面。擦进木材的棕眼内，然后用棉丝擦净，应注意墙面及五金上不得沾染油粉。待油粉干后，用1号砂纸顺木纹轻轻打磨，先磨线角后磨平面，直到光滑为止
满刮油腻子	腻子的配合比为石膏粉∶熟桐油=20∶7，并加颜料调成石膏色腻子，要注意腻子油性不可过大或过小，若过大，刷油色时不易浸入木质内；若过小，则易钻入木质中使得油色不均匀且颜色不一致。在刮抹时要横抹竖起，如遇接缝或节疤较大时应用铲刀将腻子挤入缝隙内，然后抹平，一定要刮光且不留松散腻子。待腻子干透后，用1号砂纸顺木纹轻轻打磨，先磨线角后磨平面，直到光滑为止
刷油色	先将铅油、汽油、光油、清油等混合在一起过筛，然后倒在小油桶内，使用时要经常搅拌，以免沉淀造成颜色不一致。刷油的顺序应从外向内、从左到右、从上到下且顺着木纹进行
刷第一遍清漆	其刷法与油色相同，但刷第一遍清漆应略加一些稀料撤光以便快干。因清漆的黏性较大，最好使用已经用出刷口的旧棕刷，刷时要少蘸油，以保证不流、不坠、涂刷均匀。待清漆完全干透后，用1号砂纸彻底打磨一遍，将头遍漆面上的光亮基本打磨掉，再用潮湿的布将粉尘擦掉
修补腻子	通常情况下要求刷油色后不刮腻子，但在特殊情况下可用油性略大的带色石膏腻子修补残缺不全之处。操作时必须用牛角板刮抹，不得损伤漆膜，腻子要收刮干净，光滑无腻子疤

续　表

工艺名称	工艺流程
拼色与修色	木材表面上的黑斑、节疤、腻子疤等颜色不一致处，应用漆片、酒精加色调配或用清漆、调和漆和稀释剂调配进行修色。木材颜色深的应修浅，浅的提深，将深色和浅色木面拼成一色，并绘出木纹。最后用细砂纸轻轻往返打磨一遍，然后用潮湿的布将粉尘擦掉
刷第二遍清漆	清漆中不加稀释剂，操作同第一遍，但刷油动作要敏捷、多刷多理，使清漆涂刷得饱满一致、不流不坠、光亮均匀。刷此遍清漆时，周围环境要整洁
刷第三遍清漆	待第二遍清漆干透后进行磨光，然后涂刷第三遍清漆，其方法同前

（3）厚漆。厚漆又称为铅油，采用颜料与干性油混合研磨而成，外观黏稠，需要加清油溶剂搅拌方可使用。这种漆遮覆力强，与面漆的粘结性好，广泛用作涂刷面漆前的打底，也可单独用作面层涂刷，但漆膜柔软，坚硬性较差，适用于要求不高的建筑物及木质打底漆，水管接头的填充材料。其特点是常温自干，易涂刮，施工方便；漆膜有一定的附着力及机械性能；易打磨，具有一定的封底、填嵌性能；但漆膜柔软，干燥慢，耐久性差。

在实际应用过程中，应注意在施工过程中严禁与水、油、酸、碱等物质的接触；用后请随即合紧听盖，以免变质而造成浪费；施工现场必须有良好的通风条件，严禁火种。

（4）调和漆。调和漆一般用作饰面漆，在生产过程中已经过调和处理，可直接用于装饰工程施工的涂刷。调和漆一般分为油性调和漆和磁性调和漆两类。油性调和漆是以干性油和颜料研磨后加入催干剂和溶剂调配而成，吸附力强，不易脱落、松化，经久耐用，但干燥、结膜较慢；磁性调和漆是用甘油、松香脂、干性油与颜料研磨后加入催干剂、溶剂配制而成，其干燥性能比油性调和漆要好，结膜较硬，光亮平滑，但容易失去光泽，产生龟裂。调和漆适用于室内外金属、木材、砖墙表面。

施工以刷涂为主，也可喷涂。如漆质太稠，可酌加200号溶剂油、松节油进行调节；该漆含有200号溶剂油和二甲苯等有机溶剂，属于易燃液体，且有一定的毒性。施工现场应注意通风，采取防火、防静电、安全、预防中毒等措施。

调和漆饰面的施工工艺流程见表10-4。

表 10-4　　　　　　　　调和漆饰面的施工工艺流程

工艺名称	工艺流程
基层处理	将墙面上的起皮杂物等清理干净，然后用笤帚把墙面上的尘土等扫净。对于泛碱的基层应先用3%的草酸溶液清洗，然后用清水冲刷干净即可
修补腻子	用配好的石膏腻子将墙面、窗口角等破损处找平补好，腻子干燥后用砂纸将凸出处打磨平整
满刮腻子	用橡胶刮板横向满刮，接头处不得留槎，每一刮板最后收头时要干净利落。腻子配合比为聚醋酸乙烯乳液∶滑石粉∶水＝1∶5∶3.5。当满刮腻子干燥后，用砂纸将墙面上的腻子残渣、斑迹等打磨、磨光，然后将墙面清扫干净
第二遍腻子	涂刷高级涂饰要满刮腻子，配合比和操作方法同第一遍腻子。待腻子干燥后个别地方再修补腻子，个别大的孔洞可修补石膏腻子。彻底干燥后，用1号砂纸打磨平整并清扫干净
涂刷涂料（第一遍）	第一遍可涂刷铅油，它的遮盖力较强，是罩面层涂料基层的底层涂料。铅油的稠度以盖底、不流淌、不显刷痕为宜。涂刷每面墙面的顺序宜按先左后右、先上后下、先难后易、先边后面的顺序进行，不得胡乱涂刷，以免漏涂或涂刷过厚。第一遍涂料完成后，对于中级及高级涂饰应进行修补腻子施工
涂刷涂料（第二遍）	第二遍的操作方法同第一遍涂料。如墙面为中级涂饰，此遍可刷铅油；如墙面为高级涂饰，此遍应刷调和漆。待涂料干燥后，可用细砂纸把墙面打磨光滑并清扫干净，同时要用潮湿的布将墙面擦拭一遍
涂刷涂料（第三遍）	用调和漆涂刷，如墙面为中级涂饰，此道工序可做罩面层涂料（即最后一遍涂料），其操作顺序同上。由于调和漆的粘度较大，涂刷时应多刷多理，以达到漆膜饱满、厚薄均匀一致、不流不坠
涂刷涂料（第四遍）	一般选用醇酸磁漆涂料，此道涂料为罩面层涂料（即最后一遍涂料）。如最后一遍涂料改为用无光调和漆时，可将第二遍铅油改为有光调和漆，其他做法相同

（5）硝基漆。硝基漆又称为蜡克，是用脱脂硝化棉浸在硝酸中，通过丙酮、醋酸戊酯、醋酸丁酯等溶剂的配制而成的一种高级涂料。干燥后具有良好的光泽和耐久性，具有快干、坚硬、耐磨等优点。主要用于木器及家具制品的涂装、家庭装修、一般装饰涂装、金属涂装和一般水泥涂装等方面。

其涂饰表面平整、丰满、色彩鲜艳、平滑、细腻、手感好、装饰性很强；漆膜坚硬，打磨、抛光性好，当涂层达到一定的厚度，经研磨、抛光后甚至可产生镜面效果。

硝基漆的固含量低，施工时成膜物质只有20%左右，挥发成分占70%～80%，成膜很薄，需多次涂覆才能达到一定的厚度要求，所以，使用硝基漆涂刷的遍数多、成本高。

硝基漆的涂刷工艺较复杂，一般由涂刷、揩涂、水磨和抛光4组工序组成，涂刷4～5遍，再揩涂10遍以上，直至毛孔被漆填满，表面平整为止。另外，其耐光性差，长期在紫外线作用下漆膜龟裂现象十分严重。若室内使用3年左右，朝阳的木质品端头就会出现发丝般的龟裂；漆膜保护作用不好，不耐有机溶剂、不耐热、不耐腐蚀。

由于硝基漆含有大量挥发性溶剂，易燃易爆，有毒，对环境污染大，所以施工现场一定要采取防毒、通风等措施。

硝基漆是目前比较常见的木器及装修用涂料。优点是装饰作用较好，施工简便，干燥迅速，对涂装环境的要求不高，具有较好的硬度和亮度，不易出现漆膜弊病，修补容易。缺点是固含量较低，需要较多的施工次数才能达到较好的效果；耐久性不太好，尤其是内用硝基漆，其保光、保色性不好，使用时间稍长就容易出现诸如失光、开裂、变色等弊病；漆膜保护作用不好，不耐有机溶剂、不耐热、不耐腐蚀。硝基漆的主要成膜物是以硝化棉为主，配合醇酸树脂、改性松香树脂、丙烯酸树脂、氨基树脂等软硬树脂共同组成。一般还需要添加邻苯二甲酸二丁酯、二辛酯、氧化蓖麻油等增塑剂。溶剂主要有酯类、酮类、醇醚类等真溶剂，醇类等助溶剂，以及苯类等稀释剂。硝基漆主要用于木器及家具的涂装、家庭装修、一般装饰涂装、金属涂装、一般水泥涂装等方面。

（6）聚酯漆。是以聚酯树脂为主要成膜物而制成的一种厚质漆。聚酯漆的漆膜丰满，层厚面硬，是目前使用在装潢方面最普遍的一种产品，优点是施工简单，油漆成膜快等，缺点是有害物质偏高且挥发期长。

聚酯漆施工过程中需要进行固化，这些固化剂的分量占了油漆总分量的1/3。这些固化剂也称为硬化剂，其主要成分是TDI（甲苯二异氰酸酯/

toluene diisocyanate）。这些处于游离状态的TDI会变黄，不但使家具漆面变黄，同样也会使邻近的墙面变黄，这是聚酯漆的一大缺点。另外，超出标准的游离TDI还会对人体造成伤害。

在施工时，建议漆膜薄涂少涂（两底一面有漆膜即可），这样利于有害物质的挥发。

聚酯漆有聚酯底漆、聚酯面漆、地板漆。底漆有高固底、特清底、水晶底之分；面漆（可调色）有亮光、半亚光、全亚光之分；地板漆也有亮光、半亚光、全亚光的分别。

（二）木器漆的选购

在选购木器漆时，应注意以下几点。

（1）在选购木器漆时，首先要选择知名厂家生产的产品。油漆的生产与制造是一项对技术、设备、工艺都有严格要求的整体工程，对生产公司的人才、技术、管理、服务都有较高的要求。只有拥有雄厚实力的厂家才能真正做到。

（2）小心"绿色陷阱"。目前市场上各种"绿色"产品铺天盖地，实际上只有同时通过国家标准强制性认证和中国环境标志产品认证才是真正的绿色产品。真正的好油漆既要有好的内在质量，又要求有环保、安全和持久性。权威的认证有ISO14001国际环境管理体系认证、中国环境标志认证、中国Ⅲ型环境标志认证和中国环保产品认证，同时必须完全符合国家颁布的十项强制性标准。

（3）不要贪图价格便宜。有些厂家为了降低生产成本，没有认真执行国家标准，有害物质含量大大超过标准规定，如三苯含量过高，它可以通过呼吸道及皮肤接触，使身体受到伤害，严重的可导致急性中毒。木器漆的作业面比较大，不要为了贪一时的便宜，为今后的健康留下隐患。

（三）市场常用木器漆价格

市场常用木器漆价格见表10-5。

表10-5　　　　　　　　市场常用木器漆价格

产品名称	品　牌	规　格	参考价格
紫荆花硝基亚光白面漆	紫荆花	13kg	570.00元/桶
紫荆花硝基亚光白面漆	紫荆花	3kg	135.00元/桶
紫荆花无苯硝基亚光清面漆	紫荆花	10kg	475.00元/桶
紫荆花无苯硝基半亚光清面漆	紫荆花	3kg	165.00元/桶
紫荆花硝基水晶底漆	紫荆花	13kg	525.00元/桶
紫荆花硝基白底漆	紫荆花	13kg	510.00元/桶
紫荆花无苯硝基白底漆	紫荆花	10kg	470.00元/桶
紫荆花无苯硝基透明底漆	紫荆花	10kg	460.00元/桶
立邦清新家园半亚时尚手扫漆	立邦	4L	200.00元/桶
长春藤金装硝基木器力架半亚白面漆	长春藤	4L	195.00元/桶
长春藤金装硝基木器力架白底漆	长春藤	4L	185.00元/桶
长春藤NC木器白底漆	长春藤	6L	360.00元/组
大孚二代硝基面漆	大孚	1kg	98.00元/桶
大孚硝基面漆	大孚	4L	230.00元/桶
大孚硝基磁漆	大孚	1kg	50.00元/桶
华润硝基透明底漆	华润	14kg	320.00元/桶
华润翠雅硝基亮光清漆	华润	14kg	355.00元/桶
华润翠雅硝基半光清面漆	华润	3kg	120.00元/桶
鳄鱼高级力架清漆半亚光	鳄鱼	13kg	305.00元/桶
鳄鱼力架清漆高光	鳄鱼	13kg	295.00元/桶
爱的硝基樱花白亚光面漆	爱的	14kg	502.00元/桶
爱的硝基无苯亚光清漆	爱的	3kg	108.00元/桶

第三节　水　泥

（一）水泥的性质

水泥是一种水硬性胶凝材料，即一种细磨的无机材料，它与水拌和后形成水泥浆，通过水化过程发生凝结和硬化，硬化后甚至在水中也可保持强度和稳定性。水泥是由不同组分材料的各个小颗粒组成，但这些组分材料在其化学成分上从统计学观点衡量应该是均匀的。水泥所有性能的高度均质性则必须通过连续的大流量的生产过程，特别是要经合适的粉磨和均化工艺来实现。

水泥

抹灰的施工工艺流程见表10-6。

表 10-6　　　　　　　　　抹灰的施工工艺流程

工艺名称	工艺流程
基层处理	如果墙面表面比较光滑，应对其表面进行毛化处理。可将其光滑的表面用尖剔毛，剔除光面，使其表面粗糙不平，呈麻点状，然后浇水使墙面湿润
贴饼、冲筋	在门口、墙角、墙垛处吊垂直，套方抹灰饼、冲筋找规矩
抹底灰、中层灰	根据抹灰的基体不同，抹底灰前可先刷一道胶粘性水泥砂浆，然后抹1∶3水泥砂浆，且每层厚度控制在5~7mm为宜。每层抹灰必须保持一定的时间间隔，以免墙面收缩而影响质量
抹罩面灰	在抹罩面灰之前，应观察底层砂浆的干硬程度，在底灰七八成干时抹罩面灰。如果底层灰已经干透，则需要用水先湿润，再薄薄地刮一层素水泥浆，使其与底灰粘牢，然后抹罩面灰。另外，在抹罩面灰之前应注意检查底层砂浆有无空、裂现象，如有应剔凿返修后再抹罩面灰
养护	水泥砂浆抹灰层常温下应在24h后喷水养护

（二）水泥的种类

在室内装修中，地砖、墙砖粘贴以及砌筑等都要用到水泥砂浆，它不仅可以增强面材与基层的吸附能力，而且还能保护内部结构，同时可以作为建筑毛面的找平层。普通水泥容重通常采用1300kg/m³。水泥的颗粒越细，硬化得也就越快，早期强度也就越高。常用水泥共设32.5、32.5R、42.5、42.5R、52.5、52.5R、62.5和62.5R八个等级。

水泥按用途及性能分为以下几种。

（1）通用水泥：一般建筑工程通常采用的水泥。通用水泥主要是指GB175—2007规定的六大类水泥，即硅酸盐水泥、普通硅酸盐水泥、矿渣硅酸盐水泥、火山灰质硅酸盐水泥、粉煤灰硅酸盐水泥和复合硅酸盐水泥。

水泥找平后的墙面

（2）专用水泥：专门用途的水泥。如G级油井水泥，道路硅酸盐水泥。

（3）特性水泥：某种性能比较突出的水泥。如快硬硅酸盐水泥，低热矿渣硅酸盐水泥，膨胀硫铝酸盐水泥。

常用的水泥种类有以下几种。

（1）硅酸盐水泥：以硅酸钙为主要成分的硅酸盐水泥熟料，添加适量石膏磨细而成。

（2）普通硅酸盐水泥：由硅酸盐水泥熟料，添加适量石膏及混合材料磨细而成。

（3）矿渣硅酸盐水泥：由硅酸盐水泥熟料，混入适量粒化高炉矿渣及石膏磨细而成。

（4）火山灰质硅酸盐水泥：由硅酸盐水泥熟料和火山灰质材料及石膏按比例混合磨细而成。

（5）粉煤灰硅酸盐水泥：由硅酸盐水泥熟料和粉煤灰，加适量石膏混合后磨细而成。

（6）中热硅酸盐水泥：由硅酸盐水泥熟料、少量粒化高炉矿渣或火山灰混合材料（掺量不超过15%）和适量石膏磨细而成。

（7）低热矿渣硅酸盐水泥：由硅酸盐水泥熟料、粒化高炉矿渣（掺量为20%～60%）和适量石膏磨细而成。

（8）快硬硅酸盐水泥：由硅酸盐水泥熟料加入适量石膏，磨细制成的以3天抗压强度表示标号的水泥。

（9）抗硫酸盐硅酸盐水泥：由硅酸盐水泥熟料，加入适量石膏磨细制成的抗硫酸盐性能良好的水泥。

（10）油井水泥：由适当矿产物组成的硅酸盐水泥熟料、适量石膏和混合材料等磨细制成的适用于一定井温条件下油、气井固井工程用的水泥。

装饰水泥主要有以下几种。

（1）白色硅酸盐水泥：以硅酸钙为主要成分，加少量铁质熟料及适量石膏磨细而成。

（2）彩色硅酸盐水泥：以白色硅酸盐水泥熟料和优质白色石膏，掺入颜料、外加剂共同磨细而成。常用的彩色掺加颜料有氧化铁（红、黄、褐、黑），二氧化锰（褐、黑），氧化铬（绿），钴蓝（蓝），群青蓝（靛蓝），孔雀蓝（海蓝），炭黑（黑）等。

（三）水泥的应用

水泥的主要技术性能指标见表10-7。

表10-7　　　　　　　　水泥的主要技术性能指标

项　目	技术指标
比重与容重	普通水泥比重为3:1，容重通常采用1300kg/m³
细度	指水泥颗粒的粗细程度。颗粒越细，硬化得越快，早期强度也越高
凝结时间	水泥加水搅拌到开始凝结所需的时间称为初凝时间。从加水搅拌到凝结完成所需的时间称为终凝时间。硅酸盐水泥初凝时间不早于45min，终凝时间不迟于12h
强度	水泥强度应符合国家标准
体积安定性	指水泥在硬化过程中体积变化的均匀性能。水泥中含杂质较多，会产生不均匀变形
水化热	水泥与水作用会产生放热反应，在水泥硬化过程中，不断放出的热量称为水化热

水泥的强度等级见表10-8。

表10-8　　　　　　　　水泥的强度等级

品　种	强度等级	抗压强度		抗折强度	
		3d	28d	3d	28d
硅酸盐水泥	42.5	17.0	42.5	3.5	6.5
	42.5R	22.0	42.5	4.0	6.5
	52.5	23.0	52.5	4.0	7.0
	52.5R	27.0	52.5	5.0	7.0
	62.5	28.0	62.5	5.0	8.0
	62.5R	32.0	62.5	5.5	8.0

续 表

品　种	强度等级	抗压强度		抗折强度	
		3d	28d	3d	28d
普通水泥	32.5	11.0	32.5	2.5	5.5
	32.5R	16.0	32.5	3.5	5.5
	42.5	16.0	42.5	3.5	6.5
	42.5R	21.0	42.5	4.0	6.5
	52.5	22.0	52.5	4.0	7.0
	52.5R	26.0	52.5	5.0	7.0

（四）水泥的选购

在选购时，应注意以下几点。

（1）在家庭装修中，为了保证水泥砂浆的质量，水泥在选购时一定要注意是否是大厂生产的425号硅酸盐水泥；砂应选中砂，中砂的颗粒粗细程度十分适用于水泥砂浆中，太细的砂其吸附能力不强，不能产生较大摩擦而粘牢瓷砖。

（2）水泥也有保质期，一般而言，超过出厂日期30d的水泥强度将有所下降。储存三个月后的水泥强度会下降10%～20%，六个月后降低15%～30%，一年后降低25%～40%。能正常使用的水泥应无受潮结块现象，优质水泥用手指捻水泥粉末会有颗粒细腻的感觉。劣质的水泥会有受潮和结块现象，用手指捻有粗糙感，说明其细度较粗、不正常，使用时强度低、黏性很差。此外，优质水泥，6h以上能够凝固，超过12h仍不能凝固的水泥应为质量不佳的产品。

（五）市场常用水泥价格

市场常用水泥价格见表10-9。

表10-9　　　　　　市场常用水泥价格

产品名称	型　号	产　地	参考价格（元/t）
盾石（袋装）	普通硅酸盐42.5R	北京	365
双山（袋装）	普通硅酸盐42.5	北京	280

续 表

产品名称	型　号	产　地	参考价格（元/t）
兴发（袋装）	普通硅酸盐42.5	北京	340
盾石（袋装）	普通硅酸盐32.5R	北京	345
双山（袋装）	普通硅酸盐32.5	北京	260
钻牌（袋装）	普通硅酸盐32.5	北京	235
呈龙（袋装）	普通硅酸盐42.5	天津	290
骆驼（袋装）	普通硅酸盐42.5	天津	300
成强（袋装）	普通硅酸盐42.5	天津	295
呈龙（袋装）	普通硅酸盐32.5	天津	245
骆驼（袋装）	普通硅酸盐32.5	天津	290
成强（袋装）	普通硅酸盐32.5	天津	235
海螺（袋装）	普通硅酸盐42.5	上海	300
三狮（袋装）	普通硅酸盐42.5	上海	300
海豹（袋装）	普通硅酸盐42.5	上海	320
海螺（袋装）	普通硅酸盐32.5	上海	255
三狮（袋装）	普通硅酸盐32.5	上海	280
海豹（袋装）	普通硅酸盐32.5	上海	300

第四节　白乳胶

（一）白乳胶的性质

　　白乳胶又称聚醋酸乙烯乳液，是一种乳化高分子聚合物。白乳胶是由醋酸乙烯与乙烯经聚合而成，共聚体英文简称EVA。其外观为乳白色稠厚液体，一般无毒无味、无腐蚀、无污染，是一种水性粘合剂。

（二）白乳胶的应用

　　白乳胶具有常温固化快、成膜性好、粘结强度大、抗冲击、耐老化等特点。其粘结层具有较好的韧性和耐久性。固体含量为（50±2）％，pH值为4~6，

白乳胶

对木材、纸张、纤维等材料粘结力强。广泛应用于印刷业，木材粘结、建筑业、涂料等许多方面。在室内装饰装修工程中一般用于木制品的粘结和墙面腻子的调和，也可用于粘结墙纸、水泥增强剂、防水涂料及木材胶粘剂等。

（三）白乳胶的选购

在选购时，应注意以下几点。

（1）在选购白乳胶时，要选择名牌企业生产的产品，要看清包装及标识说明。注意：胶体应均匀，无分层，无沉淀，开启容器时无刺激性气味。

（2）选择名牌企业生产的产品及在大型建材超市销售的产品，因为大型建材超市讲信誉、重品牌，有一套完善的进货渠道，产品质量较为可靠，价位也相对合理。

（四）市场常用白乳胶价格

市场常用白乳胶价格见表10-10。

表10-10　　　　　　　　市场常用白乳胶价格

产品名称	品　牌	规格（kg）	参考价格
白乳胶-4kg	美巢占木宝	4	59.80元/桶
白乳胶-16kg	美巢占木宝	16	210.90元/桶
BRJ-I白乳胶-5kg	三维	5	36.80元/桶
BRJ-I白乳胶-18kg	三维	18	98.00元/桶
BRJ-235白乳胶-18kg	三维	18	116.00元/桶
BRJ-I白乳胶-0.5kg	三维	0.5	3.60元/瓶
BRJ-I白乳胶-1kg	三维	1	8.90元/瓶
K-401白乳胶-20kg	光明	20	96.00元/桶
无甲醛白乳胶-20kg	绿色家园	20	126.00元/桶
环保白胶0101型-4kg	汉港	4	36元/桶
环保白胶0101型-8kg	汉港	8	64元/桶
环保白胶0101型-18kg	汉港	18	124元/桶
环保白胶040型-10kg	汉港	10	140元/桶
环保白胶040型-18kg	汉港	18	218元/桶

第五节 其他粘合材料

（一）万能胶

万能胶具有良好的耐油、耐溶剂和耐化学试剂的性能。由于氯丁橡胶胶粘剂是一种胶粘能力强，应用面很广的粘合剂，如进行橡胶、皮革、织物、纸板、人造板、木材、泡沫塑料、陶瓷、混凝土、金属等自粘或互粘，所以又称为万能胶。其实，真正的万能胶是不存在的，只是它的应用面较广而予以其美称。

万能胶的种类有氯丁无苯万能胶、环保型喷刷万能胶、溶剂油型无苯毒快干万能胶、特级万能胶、水性防腐万能胶、环保型建筑防水万能胶。

（二）壁纸粉

壁纸粉是一种粘贴墙纸、墙布的专用粘合剂。其粘结性强，溶化迅速，内含防霉、防虫剂，外观以洁白的微粒粉状为佳。由于墙纸粉是水溶性聚合物，如果防潮保护不好，墙纸粉会受潮、结板、泛黄并失效，所以购买时需检查。

粉末壁纸胶是一种粉末状胶粘剂，使用时用1份质量的粉末胶加10～15份水，搅拌10min后使用。其特点是粘结力好，干燥速度快，壁纸在刚粘贴后不剥落，边角不翘起，1天后基本干燥，干后粘结牢固。剥离试验时，胶接面粘结良好。室内湿度降低85％以下时经3个月不翘边、不脱落、不鼓泡。主要适用于水泥、抹灰、石膏板、木板墙等墙面上粘贴塑料壁纸。

（三）壁纸白胶

壁纸白胶是一种新型的壁纸裱贴修补胶。主要用于壁纸裱贴后再出现的边角开口，对缝开口，气泡处理等问题的修复补救工作。其最大特性是粘结力很强，干涸后色泽透明，不会使壁纸发黄，使修复工作的难度大大减少。该胶无需调配，即开即用，使用方便。另外，该胶还可与普通壁纸粉胶液混合，以增强普通壁纸粉胶液的粘结力。

（四）玻璃胶

玻璃胶是无色透明黏稠液体，能在室温下快速固化，一般4~8h内即可固化完全，固化后透光率和折射系数与有机玻璃基本相同，A、B两组分混合后室温下可使用一星期以上，具有粘结力强、操作简便等特点。AE胶分AE—01和AE—02两种型号，AE—01适用于有机玻璃、ABS塑料、丙烯酸酯类共聚

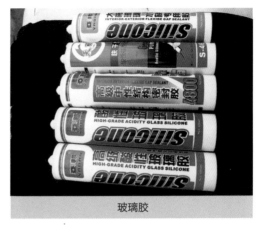

玻璃胶

物制品粘结；AE0—02适用于无机玻璃、有机玻璃以及玻璃钢粘结。AE胶的黏度可根据需要调节，无毒性，有机玻璃的拉伸剪切强度超过6.2MPa。玻璃胶能粘结的材料很多，如玻璃、陶瓷、金属、硬质塑料、铝塑板、石材、木材、砖瓦、水泥等。

室内装饰装修常用的玻璃胶按性能分为两种：中性玻璃胶和酸性玻璃胶。不同的位置要用不同性能的玻璃胶，一般多用于木线背面哑口处、洁具、坐便器、卫生间里的镜面、洗手池与墙面的缝隙处等。中性玻璃胶粘结力比较弱，一般用在卫生间镜子背面这些不需要很强粘结力的地方；而酸性玻璃胶一般用在木线背面的哑口处，粘结力很强。

选购玻璃胶时除了要选择大品牌，还要注意以下六点：①闻气味；②比光泽；③查颗粒；④看气泡；⑤检验固化效果；⑥试拉力和黏度。另外，市场上玻璃胶的品种很多，有酸性玻璃胶、中性耐候胶、硅酸中性结构胶、硅酮石材胶、中性防霉胶、中空玻璃胶、铝塑板专用胶、水族箱专用胶、大玻璃专用胶、浴室防霉专用胶、酸性结构胶等，针对不同的材料要选择不同性质的玻璃胶，这一点要注意。

（五）耐候胶

耐候胶是一种单组分、无溶剂、中性固化、低模量的膏状通用硅酮密封胶。耐候胶具有优异的耐候性能，经过人工加速气候老化测试，密封胶的各

项理化性能无明显变化。使用时用胶枪将胶从密封胶筒中挤到需要密封的接缝中，密封胶在室温下吸收空气中的水分，固化成弹性体，形成有效密封。

它具有很好的粘结性能和使用性能。耐候胶不仅可粘结普通玻璃、镀膜玻璃、陶瓷砖、油漆物表面、PVC等光滑表面的物体，而且也适用于混凝土、灰浆和建筑施工中填缝、密封。耐候胶耐紫外线辐射，不怕雨雪侵蚀，不受自然高温和低温的影响，机械性能和物理性能不会随时间而显著变坏。耐候胶可在−30～+60℃的温度范围内施工，但施工表面必须干燥，无任何松散物和油污等。

（六）云石胶

云石胶基于不饱和聚酯树脂制成，适用于各类石材间的粘结或修补石材表面的裂缝和断痕，常用于各类型铺石工程及各类石材的修补、粘结定位和填缝。云石胶分为环氧树脂和不饱和树脂两种原料制作，部分不饱和树脂制作的云石胶可以在潮湿的环境中固化，效果也很好。

（七）市场常用其他粘合材料价格

市场常用其他粘合材料价格见表10-11。

表10-11　　　　　　　市场常用其他粘合材料价格

产品名称	品　牌	规　格	参考价格
门窗专用水性密封胶软装（透明）	GE	163mL	19.50元/支
门窗专用水性密封胶软装（透明）	GE	299mL	25.20元/支
美家宝系列门窗密封胶（白色）	美家宝	148mL	30.10元/支
快而佳高级发泡胶	快而佳	500mL	51.50元/支
快而佳高级发泡胶	快而佳	750mL	65.20元/支
快而佳多用途填缝修补膏	快而佳	250mL	24.50元/支
紫荆花金牌装饰胶	紫荆花	4L	78.00元/桶
紫荆花668万能胶	紫荆花	4L	56.00元/桶
汉高百得环保万能胶	汉高	3L	139.00元/桶
汉高PXT4S百得万能胶（透明）	汉高	4L	132.00元/桶

续 表

产品名称	品 牌	规 格	参考价格
汉高PXT4S百得万能胶（透明）	汉高	30mL	10.10元/支
百得PT40C高浓度万能胶	汉高	50g	17.20元/支
快而佳PVC胶	快而佳	100mL	15.60元/支
生态家园LSST—70特品108胶	生态家园	18kg	86.00元/桶
生态家园LSST—701—108胶	生态家园	18kg	62.00元/桶
美巢108胶（建筑胶粘剂）	美巢	18kg	88.00元/桶
美宝牛皮纸胶带	美宝	60mm×2m	3.70元/卷
美宝牛皮纸胶带	美宝	48mm×2m	2.80元/卷
美宝泡棉双面胶带	美宝	24mm×4m	2.60元/卷
美宝彩色地毯单面胶带	美宝	48mm×15m	13.20元/卷
正点M10高级宽幅美纹纸	正点	50mm×30m	12.50元/卷
蓝健龙美纹纸胶带	蓝健龙	36mm×18m	4.50元/卷
沃德木地板专用胶	沃德	4kg	125.00元/桶
沃德木地板专用胶	沃德	1kg	38.00元/桶
沃德超级胶霸	沃德	3kg	56.00元/桶

第十一章　装饰五金配件

第一节　门　锁

（一）门锁的种类

随着社会的不断发展，各项产品的功能越来越具体化。门锁也不再局限于以往单一的挂锁和撞锁了，每种锁具都有着各自不同的使用功能。按其功能可分为外装门锁（防盗锁）、房门锁、通道锁、浴室锁等。

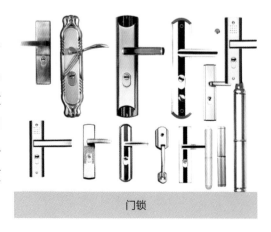

门锁

目前市场上所销售的门锁品种繁多，其颜色、材质、功能都各有不同。常用种类有外装门锁、球形锁、执手锁、抽屉锁、玻璃橱窗锁、电子锁、防盗锁、浴室锁、指纹门锁等，其中以球形锁和执手锁的式样最多。

（二）门锁的选购

在选购门锁时，应注意以下几点。

（1）选择有质量保证的生产厂家生产的名牌锁，同时看门锁的锁体表面是否光洁，有无影响美观的缺陷。

（2）注意选购和门同样开启方向的锁。同时将钥匙插入锁芯孔开启门锁，看是否顺畅、灵活。

（3）注意家门边框的宽窄，球形锁和执手锁能安装的门边框不能小于90cm，同时旋转门锁执手、旋钮，看其开启是否灵活。

（4）一般门锁适用门厚为35～45mm，但有些门锁可延长至50mm，同时查看门锁的锁舌伸出的长度不能过短。

（5）部分执手锁有左右手分别，由门外侧面对门，门铰链在右手处，即为右手门，在左手处，即为左手门。

（三）市场常用门锁价格

市场常用门锁价格见表11-1。

表11-1　　　　　　　　　市场常用门锁价格

产品名称	品牌	规格型号	材质	参考价格（元/把）
久安房门锁	久安	TE500-630	不锈钢	72.00
久安单向固定锁	久安	DA111-630	锌合金	63.00
BSY牌球型门锁	BSY	9881HYET	锌合金	40.00
BSY牌球型门锁	BSY	9831SS/SPET	锌合金	30.00
久安浴室锁	久安	CB330-630	不锈钢	60.00
久安浴室锁	久安	CA530-630	不锈钢	45.00
BSY牌浴室锁	BSY	9832SS/SPBK	锌合金	28.00
BSY牌浴室锁	BSY	9852SG/SGBK	锌合金	34.00
德曼通道锁	德曼	B78(S)CP	锌合金	110.00

续　表

产品名称	品牌	规格型号	材质	参考价格（元/把）
吉本不锈钢通道锁	吉本	SA1-402-CY1S	不锈钢	260.00
顶固通道锁	顶固	E3601SKBPS	锌合金	265.00
顶固通道锁	顶固	E3501SNPS	锌合金	248.00
小骑兵单舌通道锁	小骑兵	BZ00544BNK	锌合金	165.00
小骑兵单舌通道锁	小骑兵	BZ00241GBK	锌合金	160.00
BESTKO不锈钢连体浴室锁	瑞高	310041W	不锈钢	132.00
BESTKO不锈钢浴室锁	瑞高	4302W	不锈钢	215.00
BESTKO不锈钢小分体浴室锁	瑞高	5018W	不锈钢	245.00
BESTKO不锈钢小连体浴室锁	瑞高	4018N	不锈钢	342.00
摩登卫浴锁	摩登	A84229SM14MBPN/HC	锌合金	168.00
摩登卫浴锁	摩登	A27-229(S)-M*SC1M2	锌合金	105.00
EKF维克系列卫浴锁	伊可夫	DF-56186KPVD	锌合金	199.00
EKF维克系列卫浴锁	伊可夫	DF-50101BKSC	锌合金	172.00
EKF维克系列卫浴锁	伊可夫	Z1-7602BC-BK	锌合金	95.00
固力镍镶镍拉丝房门锁	固力	M27N3HH11	不锈钢	168.00
固力镍镶镍拉丝房门锁	固力	M1063TT11	不锈钢	155.00
BKV房门分体铝锁	BKV	1233	太空铝	338.00
BKV白色尼龙分体房门锁	BKV	11001031W3	尼龙	305.00
BKV房门宽方盖板铝锁	BKV	1212	太空铝	246.00
BKV分体式房门亮光铝锁	BKV	1208	太空铝	492.00

第二节　拉　手

（一）拉手的种类

拉手是富有变化的，虽然功能是单一的，但却因为外形上的特色让人怦然心动。现在的拉手已经摆脱了过去单纯的不锈钢色，还有黑色、古铜色、光铬等。目前拉手的材料有锌合金、铜、铝、不锈钢、塑胶、原木、陶瓷等。颜色形状各式各样，目前以直线形的简约风格、粗犷的欧洲风格的铝材拉手比较畅销，长短从35～420mm都有，甚至更长。有的拉手还被做成卡通动物模样，近年来，又新推出了水晶拉手、铸铜钛金拉手、镶钻镶石拉手等。目前市场上拉手的进口品牌主要是德国的、意大利的。

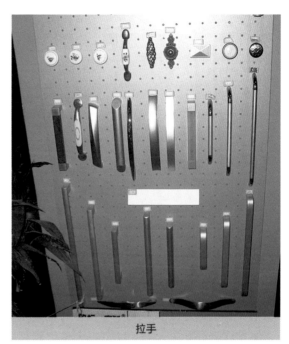

拉手

（二）拉手的选购

选购时主要是看外观是否有缺陷、电镀光泽如何、手感是否光滑等；要根据自己喜欢的颜色和款式，配合家具的式样和颜色，选一些款式新颖、颜色搭配流行的拉手。此外，拉手还应能承受较大的拉力，一般拉手应能承受 6 kg 以上的拉力。

（三）市场常用拉手价格

市场常用拉手价格见表11-2。

表11-2　　　　　　　　　　市场常用拉手价格

产品名称	品牌	规格型号	材质	参考价格（元/个）
樱花珍珠叻拉手	樱花	S9522/S	锌合金	45.00
樱花沙钢拉手	樱花	SK701	锌合金	42.00
樱花雾白铬拉手	樱花	S8100/192	锌合金	28.00
樱花哑白木拉手	樱花	SK010/128	木+锌合金	13.00
樱花沙白/铬拉手	樱花	SK010/384	锌合金	38.00
樱花沙白/银拉手	樱花	SK002/192	锌合金	20.00
樱花不锈钢叻拉手	樱花	S8011/128	不锈钢	25.00
樱花不锈钢金拉手	樱花	S9894/96	不锈钢	19.00
樱花红古铜拉手	樱花	S8304/L	铜	18.00
志诚银色拉手	志诚	320mm	锌合金	23.00

续 表

产品名称	品　牌	规格型号	材　质	参考价格（元/个）
志诚银铬拉手	志诚	224mm	锌合金	14.00
志诚沙兰/铬拉手	志诚	160mm	锌合金	15.00
志诚铝银/铬拉手	志诚	160mm	锌合金	14.00
志诚不锈钢拉手	志诚	160mm	不锈钢	14.00
志诚玛瑙金拉手	志诚	23696	亚克力+锌合金	21.00
志诚泡杆/铬拉手	志诚	34312128	亚克力+铜	20.00
志诚青古铜拉手	志诚	T6L	锌合金	13.00
小骑兵拉手	小骑兵	3264BU	锌合金	2.00
小骑兵拉手	小骑兵	Z11196MSN	锌合金	5.40
小骑兵高球夫拉手	小骑兵	69138	塑钢	5.60
小骑兵橄榄球拉手	小骑兵	69238	塑钢	7.00
小骑兵篮球拉手	小骑兵	6529	塑钢	4.90
小骑兵胡桃木拉手	小骑兵	04160	锌合金	11.00
百式可拉手	百式可	33854-06	陶瓷	4.00
百式可拉手	百式可	33114-3	陶瓷	4.50
百式可拉手	百式可	38026	锌合金	7.60
百式可拉手	百式可	42203-200	锌合金	14.00

第三节　合　页

（一）合页的种类

合页的种类很多，针对于门的不同材质、不同开启方法、不同尺寸等会有相对的合页。合页使用的正确与否决定了这扇门能否正常地使用，合页的大小、宽窄与使用数量的多少同门的重量、材质、门板的宽窄程度有着

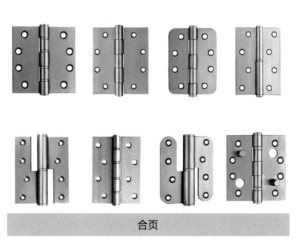

合页

密切的关系。

（1）普通合页。合页一边固定在框架上，另一边固定在门扇上，转动开启，是目前应用最多的一种合页。

（2）轻型合页。特点与普通合页一样，但合页板比普通合页薄而窄些，主要是考虑一些轻型的门窗或家具用普通合页会浪费开发的产品。

（3）抽芯合页。抽芯合页的轴心（销子）可以随意抽出。抽出后，门板或窗扇可以取下，但合页板仍保留在门板或窗扇上，便于擦洗或翻新。

（4）方合页。特点与普通合页一样，但合页板比普通合页宽而厚些。原因是一些重型的门窗或家具用普通合页会受力不足造成损坏，而方合页正好可以避免这一情况的发生。

（5）H型合页。H型合页属于抽芯合页的一种，其中松开其中一片合页板可以直接取下，但使用起来不如抽芯合页方便。

（6）T型合页。结构结实，受力大。适用于较宽的门板或窗扇。

（7）无声合页。无声合页又称尼龙垫圈合页，门窗开关时，合页本身不发出声音，属于绿色环保一类的合页产品。

（8）多功能合页。当开启角度小于75°时，具有自动关闭功能，在75°~90°角位置时，自行稳定，大于95°的则自动定位。

（9）扇形合页。扇形合页的两个页板叠加起来的厚度比一般合页板的厚度约薄一半左右，适用于任何需要转动启闭的门窗。

（10）烟斗合页。烟斗合页又叫弹簧铰链，分为脱卸式和非脱卸式两种，它的特点是可根据空间配合柜门开启角度。主要用于家具门板的连接，材质有镀锌铁、锌合金等。挑选铰链除了目测、手感铰链表面平整顺滑外，应注意铰链弹簧的复位性能要好，可将铰链打开95°，用手将铰

烟斗合页

链两边用力按压，观察支撑弹簧片。不变形、不折断，十分坚固的则为质量合格的产品。

（11）其他合页。有纱门弹簧合页、轴承合页（铜质）、斜面脱卸合页、

冷库门合页、单旗合页、翻窗合页、防盗合页、玻璃合页、台面合页、升降合页、液压气动支撑臂、不锈钢滑撑铰链等。

目前普通合页的材料主要为全铜和不锈钢两种。单片合页面积标准为100mm×30mm和100mm×40mm，中轴直径为11～13mm，合页板厚为2.5～3mm，选合页时为了开启轻松且噪声小，应选择合页中轴内含滚珠轴承的为佳。

（二）市场常用合页价格

市场常用合页价格见表11-3。

表11-3　　　　　市场常用合页价格

产品名称	品牌	规格型号	材质	参考价格
海福乐铜拉丝合页	海福乐	40mm×30mm×3mm	铜	83.00元/副
海福乐青古铜合页	海福乐	40mm×30mm×3mm	铜	94.50元/副
海福乐铜抛光合页	海福乐	40mm×30mm×3mm	铜抛光	85.00元/副
海福乐不锈钢亚光合页	海福乐	40mm×30mm×3mm	不锈钢	83.80元/副
京斯信铝色双面自关合页	京斯信	70mm×30mm×4mm	金属	135.00元/副
京斯信沙金铜单面自关合页	京斯信	70mm×30mm×4mm	铜	80.00元/副
京斯信二代拉丝镍合页	京斯信	50mm×30mm×3mm	铜	87.00元/副
京斯信二代不锈钢合页	京斯信	50mm×30mm×3mm	不锈钢	56.00元/副
顶固银白合页	顶固	100mm×30mm×3mm	铜	165.00元/副
顶固不锈钢合页	顶固	100mm×30mm×2.5mm	不锈钢	66.00元/副
顶固铜合页	顶固	100mm×30mm×3mm	铜	94.00元/副
海蒂诗快装全盖铰链	海蒂诗	标准	钢	175.00元/袋
海蒂诗插座铰链	海蒂诗	标准	钢	140.00元/袋
海蒂诗大角全盖铰链	海蒂诗	标准	钢	53.00元/个
海蒂诗内置玻璃小铰链	海蒂诗	标准	钢+玻璃	27.00元/个
海蒂诗弹簧内侧铰链	海蒂诗	标准	钢	24.00元/个
海蒂诗全金属弹簧铰链	海蒂诗	标准	钢	18.00元/个
BOSS全盖快装铰链	BOSS	标准	金属	12.00元/副
BOSS半盖快装铰链	BOSS	标准	金属	10.00元/副
BT牌全盖铰链10只装	BT	标准	金属	35.00元/袋
BT牌半盖铰链10只装	BT	标准	金属	32.00元/袋

第四节 门 吸

(一) 门吸的种类

门吸是安装在门后面的一种小五金件。在门打开以后，通过门吸的磁性稳定住，防止门被风吹后会自动关闭，同时也防止在开门时用力过大而损坏墙体。常用的门吸又叫作"墙吸"。目前市场还流行一种门吸，称为"地吸"，其平时与地面处于同一个平面，打扫起来很方便；当关门的时候，门上的部分带有磁铁，会把地吸上的铁片吸起来，及时阻止门撞到墙上。

门吸

(二) 市场常用门吸价格

市场常用门吸价格见表11-4。

表11-4　　　　　　　　　市场常用门吸价格

产品名称	品 牌	规格型号	材 质	参考价格（元/副）
樱花不锈钢门吸	樱花	7792	不锈钢	30.00
樱花高级沙金门吸	樱花	203	锌合金	18.00
樱花青古铜地吸	樱花	204	锌合金	23.50
顶固珍珠铬门磁吸	顶固	T3293	金属	56.50
顶固金拉丝门磁吸	顶固	T3289	金属	40.20
BKV牌铝门吸	BKV	8009	太空铝	43.00

第五节 滑轨道

(一) 滑轨道的种类

滑轨道是使用优质铝合金或不锈钢等材料制作而成的，按功能一般分为抽屉轨道、推拉门轨道、窗帘轨道、玻璃滑轮等。如抽屉滑轨由动轨和定轨组成，分别安装于抽斗和柜体内侧两处。新型滚珠抽屉导轨分为二节轨、三节轨两种。选择时外表油漆和电镀的光亮度，承重轮的间隙和强性决定了抽屉开合的灵活度和噪声大小，应挑选耐磨及转动均匀的承重轮。

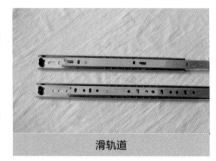

滑轨道

（二）市场常用滑轨道价格

市场常用滑轨道价格表11-5。

表11-5　　　　　　　　　　市场常用滑轨道价格

产品名称	品牌	规格型号（mm）	材质	参考价格（元/副）
海蒂诗滚珠三节全黑路轨	海蒂诗	600	钢	75.00
海蒂诗滚珠三节全黑路轨	海蒂诗	550	钢	67.00
海蒂诗滚珠三节全黑路轨	海蒂诗	500	钢	61.00
海蒂诗滚珠三节全黑路轨	海蒂诗	450	钢	55.00
海蒂诗滚珠三节全黑路轨	海蒂诗	400	钢	49.00
海蒂诗滚珠三节全黑路轨	海蒂诗	350	钢	44.00
海蒂诗滚珠三节全黑路轨	海蒂诗	300	钢	40.00
海蒂诗滚珠三节全黑路轨	海蒂诗	250	钢	35.00
海福乐镀黑锌三节轨	海福乐	600	镀黑锌	105.00
海福乐镀黑锌三节轨	海福乐	550	镀黑锌	96.00
海福乐镀黑锌三节轨	海福乐	500	镀黑锌	91.00
海福乐镀黑锌三节轨	海福乐	450	镀黑锌	85.00
海福乐镀黑锌三节轨	海福乐	400	镀黑锌	79.00
海福乐镀黑锌三节轨	海福乐	350	镀黑锌	74.00
海福乐镀黑锌三节轨	海福乐	300	镀黑锌	65.00
海福乐镀黑锌三节轨	海福乐	250	镀黑锌	58.00

第六节　开关插座

（一）开关插座的种类

在室内装饰装修中，开关插座往往被认为是不重要的一个环节，而事实却相反。开关插座虽然是室内装饰装修中很小的一个五金件，但却关系室内日常生活、工作的安全问题。从装饰功能看，高品质开关的造型、光色、安装位置、功能等组成了其特有的美观性，也就变成了墙身空间中美化的点睛之处。目前市场中的开关插座种类繁多，造型新颖，令人眼花缭乱。

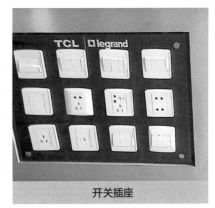

开关插座

与开关插座相关的一些常用种类及术语见表11-6。

表11-6　　　　　　与开关插座相关的一些常用种类及术语

专业术语	通俗解释
多位开关	几个开关并列，各自控制各自的灯。也叫双联、三联，或一开、四开等
双控开关	两个开关在不同位置可控制同一盏灯
夜光开关	开关上带有荧光或微光指示灯，便于夜间寻找位置
调光开关	可以开关并可通过旋钮调节灯光强弱
10A	满足家庭内普通电器用电限额
16A	满足家庭内空调或其他大功率电器
插座带开关	可以控制插座通断电；也可以单独作为开关使用
边框、面板	组装式开关插座，可以调换颜色，拆装方便
白板	用来封闭墙上预留的查线盒，或弃用的墙孔
暗盒	安装于墙体内，走线前都要预埋
146型	宽是普通开关插座的2倍，如有些四位开关、十孔插座等
多功能插座	可以兼容老式的圆脚插头、方脚插头等
专用插座	英式方孔、欧式圆脚、美式电话插座、带接地插座等
特殊开关	遥控开关、声光控开关、遥感开关等
信息插座	指电话、电脑、电视插座
宽频电视插座	（5~1000MHz）适应个别小区高频有线电视信号
TV-FM插座	功能与电视插座一样，多出的调频广播功能用得很少
串接式电视插座	电视插座面板后带一路或多路电视信号分配器

（二）开关插座的选购

（1）外观。开关的款式、颜色应该与室内的整体风格相搭配。

（2）手感。品质好的开关大多使用防弹胶等高级材料制成，防火性能、防潮性能、防撞击性能等都较高，表面光滑。好的开关插座的面板要求无气泡、无划痕、无污迹。开关拨动的手感轻巧而不紧涩，插座的插孔需装有保护门，插头插拔应需要一定的力度并单脚无法插入。

（3）重量。铜片是开关插座最重要的部分，具有相当的重量。在购买时应掂量一下单个开关插座，如果是合金的或者薄的铜片，手感较轻，同时品质也很难保证。

（4）品牌。开关的质量关乎电器的正常使用，甚至生活、工作的安全。低档的开关插座使用时间短，需经常更换。知名品牌会向消费者进行有效承诺，如"质保12年""可连续开关10000次"等，所以建议消费者购买知名品牌的开关插座。

（5）注意开关、插座的底座上的标识。如国家强制性产品认证（CCC）、额定电流电压值；产品生产型号、日期等。

（三）市场常用开关插座价格

市场常用开关插座价格见表11-7。

表11-7　　　　　市场常用开关插座价格

产品名称	品　牌	规格型号	材　质	参考价格（元/个）
梅兰日兰L86系列一位双控大翘板开关	梅兰日兰	L210/2WBBHB	进口PC	36.20
梅兰日兰L86系列二位双控大翘板开关	梅兰日兰	L220/2WBBHB	进口PC	42.50
梅兰日兰L86系列三位双控大翘板开关	梅兰日兰	L230/2WBBHB	进口PC	57.50
梅兰日兰U86系列四位单控开关	梅兰日兰	U140/1W	进口PC	42.50
西门子灵致一位双控荧光开关	西门子	5TA0834-3NC3	PC材料	28.20
西门子灵致二位双控荧光开关	西门子	5TA0864-3NC3	PC材料	36.50
西门子灵致三位双控荧光开关	西门子	5TA0894-3NC3	PC材料	47.20

续 表

产品名称	品 牌	规格型号	材 质	参考价格（元/个）
西门子灵致四位单控荧光开关	西门子	5TA0782-2NC2	PC材料	52.50
松下纯86系列一位双控开关	松下	WMS502	塑料	17.20
松下纯86系列二位双控开关	松下	WMS504	塑料	27.50
松下纯86系列三位双控开关	松下	WMS506	塑料	32.80
松下宏彩系列四联单控开关	松下	WF577	塑料	73.50
朗能NB18一位单极大翘板开关	朗能	NB181Q/1-B	PC塑料+A66尼龙	24.50
朗能NB18二位单极大翘板开关	朗能	NB182Q/1-B	PC塑料+A66尼龙	34.60
朗能NB18三位单极大翘板开关	朗能	NB183Q/1-B	PC塑料+A66尼龙	46.00
朗能NB18四位单极大翘板开关	朗能	NB184Q/1-B	PC塑料+A66尼龙	59.50
TCL A6一位双控荧光开关	TCL	A6/31/2/3BY	PC塑料	24.20
TCL A6二位双控荧光开关	TCL	A6/32/2/3CY	PC塑料	29.50
TCL A6三位双控荧光开关	TCL	A6/33/1/2AY	PC塑料	39.30
TCL A6系列四位单极带荧光小按钮开关	TCL	A6/34/1/2DY	PC塑料	40.00
西蒙59系列单开带荧光开关	西蒙	59013Y	PC塑料	23.20
西蒙59系列双开带荧光开关	西蒙	59023Y	PC塑料	35.20
西蒙59系列三开带荧光开关	西蒙	59033Y	PC塑料	48.20
西蒙欧式60系列四位单极开关	西蒙	60174-60	PC塑料	66.80
罗格朗美特系列单联单控大翘板开关	罗格朗	6146-20	聚碳酸酯	13.50
罗格朗美特系列双联双控带指示灯开关	罗格朗	6146-43	聚碳酸酯	36.20
罗格朗美特系列三联双控带指示灯开关	罗格朗	6146-45	聚碳酸酯	48.50
罗格朗美特系列四联单控开关	罗格朗	6145-06	聚碳酸酯	43.50

第十二章 装饰灯具

第一节 吊 灯

（一）吊灯的种类

用于家庭装修的吊灯分为单头和多头两种，按外形结构可分为枝形、花形、圆形、方形、宫灯式、悬垂式等；按构件材质，有金属构件和塑料构件之分；按灯泡性质，可分为白炽灯、荧光灯、小功率蜡烛灯；按大小体积，可分为大型、中型、小型。

吊灯

单头吊灯多用于卧室、餐厅，灯罩口朝下，就餐时灯光直接照射于餐桌上，给用餐者带来清晰明亮的视野；多头吊灯适宜装在客厅或大空间的房间里。

吊灯的花样最多，常用的有欧式烛台吊灯、中式吊灯、水晶吊灯、羊皮纸吊灯、时尚吊灯、锥形罩花灯、尖扁罩花灯、束腰罩花灯、五叉圆球吊灯、玉兰罩花灯、橄榄吊灯等。

（二）吊灯的选购

使用吊灯应注意其上部空间也要有一定的亮度，以缩小上下空间的亮度差别，否则，会使房间显得阴森。吊灯的大小及灯头数的多少都与房间的大小有关。吊灯一般离天花板500～1000mm，光源中心距离天花板以750mm为宜，也可根据具体需要调整高度。如层高低于2.6m的居室不宜采用华丽的多头吊灯，不然会给人以沉重、压抑之感，仿佛空间都变得拥挤不堪。

（三）市场常用吊灯价格

市场常用吊灯价格见表12-1。

表12-1　　　　　　　　　　市场常用吊灯价格

产品名称	品　牌	规格型号	材　质	参考价格（元/个）
希莉娜吊灯	希莉娜	9396/4+1	玻璃	435.00
希莉娜吊灯（古银）	希莉娜	9384/5	玻璃	465.00
希莉娜吊灯（古银）	希莉娜	9384/3	玻璃	330.00
希莉娜吊灯（金香槟）	希莉娜	9336/3	玻璃	295.00
希莉娜金吊灯	希莉娜	9362/6+2金	玻璃	1650.00
希莉娜金吊灯	希莉娜	8013/4+8+3金	玻璃	4450.00
保时利吊灯	保时利	1210/6+1	磨砂玻璃	525.00
保时利吊灯	保时利	1219/8+1	磨砂玻璃	675.00
保时利吊灯	保时利	1187/8	玻璃	900.00
胜球花灯	胜球	8006/5+1	玻璃	345.00
胜球花灯	胜球	8006/8+1	玻璃	445.00

续 表

产品名称	品　牌	规格型号	材　质	参考价格（元/个）
胜球水晶灯	胜球	22197/8	水晶玻璃	2050.00
胜球水晶灯	胜球	42454/24	水晶玻璃	3265.00
美华餐灯	美华	1012	铝	135.00
美华餐灯	美华	1025	铝	152.00
原点吊灯	原点	7001/1	玻璃+铜网	169.00
原点吊灯	原点	9084/2	实木+玻璃	325.00
原点吊灯	原点	9084/3	实木+玻璃	335.00
莱兹水晶灯	莱兹	C3017/1036-12	水晶	2178.00
莱兹水晶灯	莱兹	C11/906-36/C	水晶	3285.00
莱兹水晶灯	莱兹	S2022-23"	水晶	6888.00
莱兹水晶灯	莱兹	C2009/33"	水晶	9666.00

注 表中规格型号内"/"号后面表示的是灯头的数量和形式。例9396/4+1意为9396型号、5个灯头。

第二节　吸顶灯

（一）吸顶灯的种类

灯具安装面与建筑物天花板紧贴的灯具俗称吸顶灯具，适于在层高较低的空间中安装。光源，即灯泡以白炽灯和日光灯为主。以白炽灯为光源的吸顶灯，大多采用乳白色塑料罩、亚克力罩或玻璃罩；以日光灯为光源的吸顶灯多用有机玻璃，金属格片为罩。形状有圆形、方形和椭圆形之分。其中直径在200mm左右的吸顶灯适宜在过道、浴室、厨房内使用；直径在400mm 以上的吸顶灯则可在房间中使用。

吸顶灯

（二）吸顶灯的选购

在选购吸顶灯具时，应注意以下几点。

（1）看面罩。目前市场上吸顶灯的面罩多是塑料罩、亚克力罩和玻璃罩。其中最好的是亚克力罩，其特点是柔软、轻便，透光性好，不易被染色，不会与光和热发生化学反应而变黄，而且它的透光性可以达到90%以上。

（2）看光源。有些厂家为了降低成本而把灯的色温做高，给人错觉以为灯光很亮，但实际上这种亮会给人的眼睛带来伤害，引起视觉疲劳，从而降低视力。好的光源在间距1m的范围内看书，字迹清晰，如果字迹模糊，则说明此光源为"假亮"，是故意提高色温的次品。

色温就是光源颜色的温度，也就是通常所说的"黄光""白光"。通常会用一个数值来表示，黄光就是3300K以下、白光就是5300K以上。

（3）看镇流器。所有的吸顶灯都是要有镇流器才能点亮的，镇流器能为光源带来瞬间的启动电压和工作时的稳定电压。镇流器的好坏，直接决定了吸顶灯的寿命和光效。要注意购买大品牌、正规厂家生产的镇流器。

（三）市场常用吸顶灯价格

市场常用吸顶灯价格见表12-2。

表12-2　　　　　　　　　　　市场常用吸顶灯价格

产品名称	品牌	规格型号	材质	参考价格（元/个）
飞利浦清逸吸顶灯(25W)	飞利浦	BCS2803/25WT5	塑料	125.00
飞利浦清妍吸顶灯(25W)	飞利浦	BCS2503/25WT5	塑料	98.00
飞利浦云乐嵌入式厨房灯（36W）	飞利浦	TBS108 2×18W	亚克力	192.00
飞利浦向日葵吸顶灯（32W）	飞利浦	BGS3506HF	塑料	252.00
飞利浦欧韵吸顶灯三叶形（32W）	飞利浦	BCS3504HF	塑料	256.00
TCL光之韵型吸顶灯（32W）	TCL	MX-C32CXYW	塑料	135.00
TCL光之韵吸顶灯（40W）	TCL	MX-C40CXYW	亚克力	155.00
TCL海王星T情趣吸顶灯（32W）	TCL	TCLMX-32CXYT	塑料	135.00
天王星护眼A型吸顶灯（55W）	TCL	TCLMX-C55CXYA	亚克力	215.00
雷士嵌入式电子吸顶灯（13W）	雷士	NCS13-313	亚克力	47.80

产品名称	品牌	规格型号	材质	参考价格（元/个）
雷士嵌入式电子吸顶灯（25W）	雷士	NCS25-313	亚克力	58.60
雷士嵌入式电子吸顶灯（32W）	雷士	NCS32-314	亚克力	65.20
松下防潮型吸顶灯（22W）	松下	HWC750	塑料	82.00
松下吸顶灯（32W）	松下	HAC9017E	塑料	256.00
松下吸顶灯（72W）	松下	597259	塑料	495.00
松下电子三基色吸顶灯（32W）	松下	HAC9048E	塑料	315.00
朗能天鹅湖吸顶灯(9W)	朗能	X809	塑料	42.50
朗能小镜湖吸顶灯(13W)	朗能	X813	塑料	52.50
朗能小镜湖吸顶灯(21W)	朗能	X821	亚克力	83.20
朗能天鹅湖吸顶灯(25W)	朗能	X825	塑料	72.50
朗能白雪公主吸顶灯(96W)	朗能	LN-X896	塑料	698.00
千丽吸顶灯	千丽	E5054/AA/1	玻璃	245.00
千丽吸顶灯	千丽	A5037/AA/2	玻璃	358.00
千丽吸顶灯	千丽	A5037/AA/3	玻璃	469.00
千丽吸顶灯	千丽	B5037/AA/4	玻璃	928.00
千丽吸顶灯	千丽	C5019/AA/5	玻璃	348.00
骏雅竹艺仿羊皮吸顶灯	骏雅	8185	竹艺仿羊皮	550.00
骏雅竹艺仿羊皮吸顶灯	骏雅	8136/B	竹艺仿羊皮	365.00
骏雅竹艺仿羊皮吸顶灯	骏雅	8125/A	竹艺仿羊皮	499.00
海菱仿羊皮吸顶灯	海菱	MX5546C	仿羊皮	155.00
海菱仿羊皮吸顶灯	海菱	MX5546B	仿羊皮	242.00
海菱仿羊皮吸顶灯	海菱	MX5772C	仿羊皮	684.00
海菱仿羊皮吸顶灯	海菱	MX5772B	仿羊皮	986.00

第三节 筒 灯

（一）筒灯的种类

筒灯属于点光源嵌入式直射光照方式，一般是将灯具按一定方式嵌入顶棚，并配合室内空间共同组成所需要的各种造型，使之成为一个完整的艺术图案。如果顶棚照度要求较高，也可以采用半嵌入式灯具，还有横插式、明装式等。其中明装式筒灯的随意性很强，可根据照明的需要来进行设计。顶棚、背景墙、床头、玄关等都可以使用明装式筒灯来装饰。

筒灯

（二）市场常用筒灯价格

市场常用筒灯价格见表12-3。

表12-3　　　　　　　市场常用筒灯价格

产品名称	品牌	规格型号	材质	参考价格（元/个）
三立平面压铸筒灯（白色）	三立	706直插	铁	15.20
三立防雾筒灯（3寸/白色）	三立	SLQ400直插	铁	30.50
三立防雾筒灯（4寸/白色）	三立	SLQ401直插	铁	40.20
三立直筒灯(5寸/白色)	三立	501T直插	铁	29.50
三立方形压铸筒灯	三立	828F直插	锌合金	32.50
三立直插筒灯（拉丝银+银）	三立	808直插	铁	24.80
三立防雾筒灯（4寸/白色）	三立	SLQ404横插	铁	41.50
三立6寸双横插防雾筒灯	三立	611HDT横插	铁	70.50
三立4寸横螺口筒灯	三立	423HE横插	铁	28.00
雷士工程筒灯	雷士	NDL312B/BN直插	钢材	11.50
雷士家装小筒灯	雷士	NDL3125P-ECD直插	钢材	13.20
雷士工程刷金筒灯	雷士	NDLZ312P-AD直插	冷轧板	15.20
雷士明装筒灯	雷士	NDLM9135LSG直插	钢材	23.40
雷士明装筒灯	雷士	NDL914R/LW直插	钢材	68.80
雷士螺口筒灯	雷士	NDL954LW横插	钢材	42.50
雷士螺口防雾筒灯	雷士	NDL974LW横插	钢材	45.60
雷士筒灯	雷士	NDL945-2/LW横插	钢材	75.50
雷士筒灯	雷士	NDL944/LW横插	钢材	58.70
雷士筒灯	雷士	NDL934/LW横插	钢材	55.80
雷士筒灯	雷士	NDL964/LW横插	钢材	37.30

第四节 射 灯

（一）射灯的种类

射灯是近几年发展起来的新品种，其光线方向性强、光色好，色温一般为2950K。射灯能创造独特的环境气氛，深得人们，尤其是年轻人的青睐，成为装饰材料中的"新潮一族"。

射灯既能做主体照明，又能做辅助光源，它的光线极具可塑性，可安置在天花板四周或家具上部，也可置于墙内、踢脚线里，直接将光线照射

射灯

在需要强调的物体上，起到突出重点、丰富层次的效果。而射灯本身的造型也大多简洁、新潮、现代感强。一般配有各种不同的灯架，可进行高低、左右调节，可独立、可组合，灯头可做不同角度的旋转，可根据工作面的不同位置任意调节，小巧玲珑，使用方便。其亮度非常高，显色性优，控制配光非常容易。点光、阴影和材质感的表现力非常强，因此它多用于舞台上和展示厅做显示灯，烘托照明气氛。

（二）市场常用射灯价格

市场常用射灯价格见表12-4。

表12-4 市场常用射灯价格

产品名称	品牌	规格型号	材质	参考价格（元/个）
欧普32W圆灯（嵌冷白）	欧普	MQ22-Y32	塑料	52.00
明德利叻压铸石英射灯	明德利	B5031叻	锌合金	19.20
明德利压铸石英射灯（黑）	明德利	B7400黑	锌合金	32.50
明德利压铸石英射灯（铬）	明德利	B7280铬	锌合金	22.50
三立格栅射灯（闪光银）	三立	SLQ513	铝+钢材	185.00
三立格栅射灯（闪光银）	三立	SLQ511	铝+钢材	125.00

续　表

产品名称	品牌	规格型号	材质	参考价格（元/个）
三立格栅射灯（闪光银）	三立	SLQ501	铝＋钢材	72.50
雷士格栅射灯	雷士	NDL503SB/LSG	铝合金+铁材	205.00
雷士格栅射灯	雷士	NDL502SB/LSG	铝合金+铁材	158.00
明德利座式射灯（粉）	明德利	3015D	金属＋玻璃	51.90
明德利长杆座式射灯（拉丝）	明德利	2008G	拉丝不锈钢	52.50
明德利轨道射灯	明德利	2008D	拉丝不锈钢	44.60
雷士轨道射灯	雷士	TLN150/300LWG	锌合金	63.50
雷士轨道射灯	雷士	TLN132/300LW	锌合金	56.70
雷士走线灯	雷士	NTW160	锌合金	796.00
雷士走线灯	雷士	NTW161B	锌合金	498.00
雷士软轨灯	雷士	LVR222–3	锌合金	385.00

第五节　壁　灯

（一）壁灯的种类

壁灯是室内装饰灯具，一般多配用乳白色的玻璃灯罩。灯泡功率多为15～40W，光线淡雅和谐，可把环境点缀得优雅、富丽，尤以新婚居室特别适合。壁灯的种类和样式较多，一般常见的有吸顶式、变色壁灯、床头壁灯、镜前壁灯等。现代壁灯设计中，由于壁灯特有的形态以及功能，使得其造型夸张，花样繁多，美感十足。

壁灯

（二）壁灯的应用

壁灯安装的位置应略高于站立时人眼的高度。其照明度不宜过大，这样更富有艺术感染力，可在吊灯、吸顶灯为主体照明的居室内作为辅助照明、交替使用，既节省电又可调节室内气氛。

（三）市场常用壁灯价格

市场常用壁灯价格见表12-5。

表12-5　　　　　市场常用壁灯价格

产品名称	品　牌	规格型号	材　质	参考价格（元/个）
千丽壁灯	千丽	4518	玻璃	86.00
千丽壁灯	千丽	4514	玻璃	94.00
千丽壁灯	千丽	4519	玻璃	103.00
文联壁灯	文联	B0048/1B	玻璃	175.00
文联壁灯	文联	B0059/2B	玻璃	246.00
文联壁灯	文联	B0001/3	玻璃	425.00
吉豪壁灯	吉豪	0626/1	玻璃	56.00
吉豪壁灯	吉豪	881/B	玻璃	82.00
铭海壁灯	铭海	EW2625	玻璃	223.00
铭海壁灯	铭海	EW2623	玻璃	235.00
施诺特大壁灯	施诺特	9009/2	玻璃	146.00
施诺特绿壁灯	施诺特	9070/2	玻璃	178.00
施诺特壁灯	施诺特	9091/2	玻璃	123.00
施诺特白壁灯	施诺特	9030/1	玻璃	99.00
施诺特橙壁灯	施诺特	9088/1	玻璃	81.00
东方名仕镜前灯	东方名仕	38051/13W	玻璃	124.00
东方名仕镜前灯	东方名仕	38051/19W	玻璃	138.00
东方名仕砂灰镜前灯	东方名仕	10006-19W砂灰	玻璃	116.00
东方名仕橙色镜前灯	东方名仕	69123-3	玻璃	129.00
东方名仕橙色镜前灯	东方名仕	69123-2	玻璃	97.00

第十三章　卫生洁具

第一节　面　盆

（一）面盆的种类

面盆又叫洗面盆，洗面盆虽小，但关系到生活的心情。选择一款美观实用的洗面盆,能让使用者的心情愉悦而自信。

传统的洗面盆只注重实用性，而现在流行的洗面盆更加注重外形，单独摆放，其种类、款式和造型都非常丰富。一般分为台式面盆、立柱式面盆和挂式面盆三种；而台式面盆又有

面盆

台上盆、上嵌盆、下嵌盆及半嵌盆之分，立柱式面盆又可分为立柱盆及半柱盆两种；从形式上分为圆形、椭圆形、长方形、多边形等；从风格上分为优雅形、简洁形、古典形和现代形等。

常用面盆的种类及特点见表13-1。

表13-1　　　　　　　　　常用面盆的种类及特点

种　类	特　点
立柱式面盆	立柱式面盆比较适合于面积偏小或使用率不是很高的卫生间（比如客卫），一般来说，立柱式面盆大多设计很简洁，由于可以将排水组件隐藏到主盆的柱中，因而给人以干净、整洁的外观感受，而且，在洗手的时候人体可以自然地站立在盆前，从而使用起来更加方便、舒适
台式面盆	台式面盆比较适合安装于面积比较大的卫生间，可制作天然石材或人造石材的台面与之配合使用，还可以在台面下定做浴室柜，盛装卫浴用品，美观实用
台上盆	台上盆的安装比较简单，只需按安装图纸在台面预定位置开孔，后将盆放置于孔中，用玻璃胶将缝隙填实即可，使用时台面的水不会顺缝隙下流。因为台上盆造型、风格多样，且装修效果比较理想，所以在家庭中使用得比较多
台下盆	台下盆对安装工艺的要求较高：首先需按台下盆的尺寸定做台下盆安装托架，然后再将台下盆安装在预定位置，固定好支架再将已开好孔的台面盖在台下盆上固定在墙上，一般选用角铁托住台面，然后与墙体固定。台下盆的整体外观整洁，比较容易打理，所以在公共场所使用较多。但是盆与台面的接合处就比较容易藏污纳垢，不易清洁

（二）面盆的选购

选用玻璃面盆时，应该注意产品的安装要求，有的面盆安装要贴墙固定，在墙体内使用膨胀螺栓进行盆体固定，如果墙体内管线较多，就不适宜使用此类面盆；除此之外，还应该检查面盆下水返水弯、面盆龙头上水管及角阀等主要配件是否齐全。

（三）市场常用面盆价格

市场常用面盆价格见表13-2。

表13-2　　　　　　　　　市场常用面盆价格

产品名称	品牌	规格型号	材质	参考价格（元/套）
科勒台上盆	科勒	K-2950-1/8	科勒铸铁	1384.00
科勒台上盆	科勒	K-2187-8-0	釉面陶瓷	425.00

续 表

产品名称	品牌	规格型号	材质	参考价格（元/套）
科勒台上盆	科勒	K-8746-1-0	釉面陶瓷	785.00
科勒台上盆	科勒	K-2200-G	釉面陶瓷	1466.00
科勒芬乐尔系列修边式台上盆	科勒	K-2186-4	釉面陶瓷	1256.00
TOTO碗式洗面盆	TOTO	LW528B	陶瓷	860.00
TOTO台上盆	TOTO	LW910CFB	陶瓷	769.00
TOTO台上盆	TOTO	LW986CFB	陶瓷	725.00
美标欧泊椭圆碗盆	美标	CPF608.000	陶瓷	1280.00
美标方碗盆	美标	CP-F606.000	陶瓷	742.00
美标美漫特台上盆	美标	CP-F488	陶瓷	625.00
美标汤尼克碗盆	美标	CP-F467	陶瓷	810.00
美标阿卡西亚单孔碗盆	美标	CP-F489	陶瓷	896.00
箭牌台上盆	箭牌	AP-430	瓷质陶瓷	372.00
箭牌台上盆	箭牌	AP-404	瓷质陶瓷	252.00
箭牌台上盆	箭牌	AP-427	瓷质陶瓷	205.00
科勒温蒂斯系列台下盆	科勒	K-2240	釉面陶瓷	625.00
科勒利尼亚系列台下盆	科勒	K-2219	釉面陶瓷	800.00
科勒卡斯登系列台下盆	科勒	K-2210	釉面陶瓷	315.00
TOTO台下盆	TOTO	LW581CB	陶瓷	555.00
TOTO台下盆	TOTO	LW581CFB	陶瓷	628.00
TOTO台下盆	TOTO	LW537B	陶瓷	288.00
TOTO台下盆	TOTO	LW548B	陶瓷	408.00
美标前溢水孔台下盆	美标	CP-0488	陶瓷	370.00
美标迈阿密台下盆	美标	CP-0435	陶瓷	768.00
美标莉兰台下盆	美标	CP-0437	陶瓷	386.00
美标维多利亚台下盆	美标	CP-0433	陶瓷	425.00
箭牌台下盆	箭牌	AP-416	瓷质陶瓷	398.00
箭牌台下盆	箭牌	AP-418	瓷质陶瓷	298.00
斯洛美台下盆	斯洛美	SD-712	陶瓷	178.00
斯洛美台下盆	斯洛美	SD-752	陶瓷	345.00
斯洛美台下盆	斯洛美	SD-730	陶瓷	258.00
科勒梅玛系列柱盆	科勒	K-2238-4	陶瓷	1438.00
科勒佩斯格系列柱盆	科勒	K-8747-1/8	陶瓷	1598.00

续 表

产品名称	品牌	规格型号	材质	参考价格（元/套）
科勒富丽奥系列柱盆	科勒	K-2017-4	釉面陶瓷	725.00
科勒柏丽诗系列柱盆	科勒	K-8715-1	釉面陶瓷	845.00
美标汤尼克柱盆	美标	CP-FK66	陶瓷	822.00
美标美漫特柱盆	美标	CP-FK88	陶瓷	1050.00
美标三孔八寸柱盆	美标	CP-F078	陶瓷	1288.00
美标金玛柱盆	美标	CP-0590.004	陶瓷	788.00
箭牌柱盆	箭牌	AP308/908+A1223L	瓷质陶瓷+铜	555.00
箭牌柱盆	箭牌	AP322C/AL910	瓷质陶瓷	488.00
箭牌柱盆	箭牌	AP-319B/901	瓷质陶瓷	368.00
美标汤尼克半挂盆	美标	CP-F067	陶瓷	899.00
美标阿卡西亚半挂盆	美标	CF-F072.001	陶瓷	999.00
澳斯曼带不锈钢架挂盆	澳斯曼	AS-1613	陶瓷+不锈钢	1799.00

第二节 座便器

（一）座便器的种类

座便器又称为抽水马桶，是取代传统蹲便器的一种新型洁具。座便器按冲水方式来看，大致可分为冲落式(普通冲水)和虹吸式，而虹吸式又分为冲落式、旋涡式、喷射式等。

虹吸式与普通冲水方式的不同之处在于它一边冲水，一边通过特殊的弯曲管道达到虹吸作用，将污物迅速排出。虹吸旋涡式和喷射式设有专用进水通道，水箱的水在水平面下流入座便器，从而消除水箱进水时管道内冲击空气和落水时产生的噪声，具有良好的静音效果；而普通冲水及虹吸冲落式排污能力强，但冲水时噪声比较大。

座便器

（二）座便器的选购

在选购时，应注意以下几点。

（1）由于卫生洁具多半是陶瓷质地，所以在挑选时应仔细检查它的外观质量：陶瓷外面的釉面质量十分重要。好釉面的座便器光滑、细致，没有瑕疵，经过反复冲洗后依然可以光滑如新。如果釉面质量不好，则容易使污物污染座便四壁。

（2）可用一根细棒轻轻敲击座便器边缘，听其声音是否清脆，当有"沙哑"声时证明座便器有裂纹。

（3）将座便器放在平整的台面上，进行各方向的转动，检查是否平稳匀称，安装面及座便器表面的边缘是否平整，安装孔是否均匀圆滑。

（4）优质座便器的釉面必须细腻平滑，釉色均匀一致。可以在釉面上滴几滴带色的液体，并用布擦匀，数秒钟后用湿布擦干，再检查釉面，以无脏斑点的为佳。

（5）消费者在购买时应留意保修和安装服务，以免日后产生不便。一般正规的洁具销售商都具有比较完善的售后服务，消费者可享受免费安装、3～5年的保修服务；而小厂家则很难保证。

（三）市场常用座便器价格

市场常用座便器价格见表13-3。

表13-3　　　　　　　　市场常用座便器价格

产品名称	品牌	规格型号	材质	参考价格（元/套）
科勒分体座厕	科勒	KC-3490	釉面陶瓷	1855.00
科勒华威富系列分体座厕	科勒	KC-3422	釉面陶瓷	1210.00
科勒华威富系列分体座厕	科勒	K-3422	釉面陶瓷	1175.00
科勒温德顿系列分体座厕	科勒	K-8756-6	釉面陶瓷	905.00
美标分体座厕	美标	CP-2150.002	瓷质陶瓷	1418.00
美标分体座厕	美标	CP-2199	陶瓷	1668.00
美标分体座厕	美标	CP-2519	陶瓷	835.00
美标加长分体座厕	美标	CP-2611	陶瓷	1050.00
TOTO分体座厕	TOTO	CW342BSW341B	陶瓷	1138.00

续　表

产品名称	品牌	规格型号	材质	参考价格（元/套）
TOTO分体座厕	TOTO	CW804PB400/SWN804B	陶瓷	1679.00
TOTO分体座厕	TOTO	CW704B/SW706B	陶瓷	899.00
TOTO分体座厕	TOTO	CW703NB/SW706RB	陶瓷	799.00
箭牌分体座便器	箭牌	AB-2111	瓷质陶瓷	832.00
箭牌分体座便器	箭牌	AB2110L/AS8107D	瓷质陶瓷	788.00
科勒连体座厕	科勒	K-17510-0	釉面陶瓷	3788.00
科勒丽安托系列连体座厕	科勒	K-3386	釉面陶瓷	2688.00
科勒圣罗莎系列连体座厕	科勒	K-3323	釉面陶瓷	2488.00
科勒嘉珀莉座便	科勒	K-3322	釉面陶瓷	3277.00
美标丽科连体座厕	美标	CP-2007.002	陶瓷	2055.00
美标汤尼克连体座厕	美标	CP-2181.002	陶瓷	1399.00
美标超创加长连体座厕	美标	CP2008	陶瓷	2899.00
TOTO连体座便器	TOTO	CW924B	陶瓷	2666.00
TOTO连体座便器	TOTO	CW436RB	陶瓷	3866.00
TOTO连体座便器	TOTO	CW436SB	陶瓷	3388.00
TOTO连体座便器	TOTO	CW904B	陶瓷	3666.00
箭牌连体座便	箭牌	AB1258LD	瓷质陶瓷	1866.00
箭牌连体座便	箭牌	AB1242LD	瓷质陶瓷	999.00
箭牌连体座便	箭牌	AB1221JLD	瓷质陶瓷	2199.00
箭牌连体座便	箭牌	AB1228JD	瓷质陶瓷	1788.00

第三节　浴　缸

（一）浴缸的种类

浴缸是传统的卫生间洁具，经过多年的发展，无论从材质还是功能上，都有着很大的变化，已经不再局限于单一的洗澡功能了。目前市场上销售的浴缸有钢板搪

浴缸

瓷浴缸、铸铁浴缸、亚克力浴缸，而近年来流行的木浴桶也深受老年人的喜爱。

浴缸的种类及特点见表13-4。

表13-4 浴缸的种类及特点

种 类	特 点
钢板搪瓷浴缸	搪瓷表面光滑、易运输、易搬运，但不耐撞击，保温性不好
铸铁浴缸	坚固耐用、光泽度高、耐酸碱性能好，但笨重，不易搬运，安装
亚克力浴缸	造型多变、质轻、保温效果好，但因硬度不高，表面易产生划痕
亚克力珠光浴缸	表面光滑且有珍珠般光泽、坚固耐用、保温性好、重量轻、易于安装

（二）浴缸的选购

通常情况下浴缸的长度从1100mm～1700mm不等，深度一般在500mm～800mm之间。如果浴室面积较小，可以选择1100mm、1300mm的浴缸；如果浴室面积大，可选择1500mm、1700mm的浴缸；如果浴室面积足够大，可以安装高档的按摩浴缸和双人用浴缸，或外露式浴缸。

长度在1.5m以下的浴缸，深度往往比一般浴缸深，约700mm，这就是常说的坐浴浴缸，由于缸底面积小，这种浴缸比一般浴缸容易站立，节约了空间同时不影响使用的舒适度。

浴缸的选择还应考虑到人体的舒适度，也就是人体工程学。浴缸的尺寸符合人的体形，包括以下几个方面：靠背要贴和腰部的曲线，倾斜角度要使人舒服；按摩浴缸按摩孔的位置要合适；头靠使人头部舒适；双人浴缸的出水孔要使两个人都不会感到不适；浴缸内部的尺寸应该是您背靠浴缸，伸直腿的长度；浴缸的高度应该在您大腿内侧的三分之二处最为合适。

（三）市场常用浴缸价格

市场常用浴缸价格见表13-5。

表13-5 市场常用浴缸价格

产品名称	品牌	规格型号	材质	参考价格（元/套）
美标左裙带扶手浴缸	美标	1700mm×780mm×430mm	钢板	2955.00
美标左裙不带扶手浴缸	美标	1700mm×780mm×430mm	钢板	2699.00

产品名称	品牌	规格型号	材质	参考价格（元/套）
美标无裙边钢板搪瓷浴缸	美标	1400mm×700mm×350mm	钢板	999.00
美标加厚钢板无裙边扶手浴缸	美标	1700mm×750mm×425mm	钢板	2499.00
美标坐泡式搪瓷钢板浴缸	美标	1100mm×700mm×475mm	钢板	1150.00
乐家普林无裙钢浴缸	乐家	1500mm×750mm×400mm	钢板	1400.00
乐家康莎钢板浴缸	乐家	1600mm×700mm×400mm	钢板	1066.00
乐家康莎无裙钢浴缸	乐家	1500mm×700mm×400mm	钢板	966.00
TOTO铸铁浴缸	TOTO	1500mm×750mm×460mm	铸铁	2879.00
TOTO铸铁浴缸	TOTO	1700mm×750mm×490mm	铸铁	4450.00
TOTO无裙边浴缸	TOTO	1500mm×700mm×430mm	铸铁	2220.00
TOTO铸铁右（左）裙浴缸	TOTO	1677mm×800mm×480mm	铸铁	4777.00
科勒梅玛左裙铸铁浴缸	科勒	1524mm×813mm×442mm	铸铁	4688.00
科勒科尔图特系列铸铁浴缸	科勒	1400mm×700mm×435mm	铸铁	2666.00
科勒无手把安装孔铸铁浴缸	科勒	1700mm×700mm×435mm	铸铁	3055.00
科勒雅黛乔铸铁浴缸	科勒	1700mm×800mm×485mm	铸铁	5388.00
科勒索尚铸铁浴缸	科勒	1500mm×700mm×403mm	铸铁	2566.00
箭牌单裙浴缸	箭牌	1500mm×770mm×480mm	亚克力	1366.00
箭牌有裙浴缸	箭牌	1500mm×800mm×510mm	亚克力	1850.00
TOTO亚克力浴缸	TOTO	1500mm×750mm×430mm	亚克力	1780.00
TOTO珠光浴缸	TOTO	1700mm×800mm×595mm	亚克力	2855.00
法恩莎双裙浴缸	法恩莎	1500mm×800mm×600mm	亚克力	3966.00
法恩莎双裙浴缸	法恩莎	1700mm×800mm×600mm	亚克力	4299.00
法恩莎单裙左浴缸	法恩莎	1700mm×800mm×510mm	亚克力	3388.00
法恩莎单裙右浴缸	法恩莎	1500mm×800mm×510mm	亚克力	2988.00
嘉熙和乐安康套餐	嘉熙	套餐	香柏木	2268.00
嘉熙福寿双全套餐	嘉熙	套餐	香柏木	2388.00
嘉熙家和业顺套餐	嘉熙	套餐	香柏木	2788.00
嘉熙澡桶	嘉熙	1000mm×580mm×870mm	香柏木	2485.00
嘉熙澡桶	嘉熙	1200mm×600mm×680mm	香柏木	2525.00
嘉熙澡桶	嘉熙	1450mm×750mm×870mm	香柏木	3688.00
嘉熙澡桶	嘉熙	1600mm×720mm×630mm	香柏木	4888.00

第四节 淋浴房

（一）淋浴房的种类

淋浴房是目前市场上比较热销的产品，有进口和国产的分别。由于其价格适中，安装简单，功能齐备，且符合卫生间干湿的要求，所以很受消费者的青睐。

目前，从功能方面看，市场上的淋浴房可分为以下三种。

淋浴房

（1）淋浴屏。淋浴屏是一种最简单的淋浴房，包括底盆（亚克力材质）和铝合金与玻璃围成的屏风，起到干湿分离的作用，用来保持空间的清洁。

（2）电脑蒸汽房。电脑蒸汽房一般由淋浴系统、蒸汽系统和理疗按摩系统组成。国产蒸汽房的淋浴系统一般都有顶花洒和底花洒，并增加了自洁功能；蒸汽系统主要是通过下部的独立蒸汽孔散发蒸汽，并可在药盒里放入药物享受药浴保健；理疗按摩系统则主要是通过淋浴房壁上的针刺按摩孔出水，用水的压力对人体进行按摩。

（3）整体淋浴房。整体淋浴房无论其功能还是价格，都介于淋浴屏和电脑蒸汽房之间。既能淋浴，且是全封闭；既能用作电脑蒸汽房，又舍弃了电脑蒸汽房的多余功能。

从形态方面来看，常用的淋浴房有如下几种。

（1）立式角形淋浴房。从外形看，有方形、弧形、钻石形；以结构分，有推拉门、折叠门、转轴门等；以进入方式分，有角向进入式或单面进入式，角向进入式的最大特点是可以更好地利用有限浴室面积，扩大使用率，是应用较多的款式。

（2）一字形浴屏。有些房型宽度窄，或有浴缸位但消费者并不愿用浴缸而选用淋浴屏时，多用一字形淋浴屏。

（3）浴缸上浴屏。许多消费者已安装了浴缸，但却又常常使用淋浴，为兼顾此二者，也可在浴缸上制作浴屏，但费用很高，并不合算。

（二）淋浴房的选购

在选购淋浴房时应注意以下几点。

（1）淋浴房的主材为钢化玻璃，钢化玻璃的品质差异较大，正品的钢化玻璃仔细看有隐隐约约的花纹。

（2）淋浴房的骨架采用铝合金制作，表面做喷塑处理，不腐、不锈。主骨架铝合金厚度最好在1.1mm以上，这样门才不易变形。

（3）珠轴承是否灵活，门的启合是否方便轻巧，框架组合是否使用不锈钢螺钉。

（4）材质分玻璃纤维、亚克力、金刚石三种，其中以金刚石牢度最好，污垢清洗方便。

（5）一定要购买标有详细生产厂名、厂址和商品合格证的产品，同时比较售后服务，并索取保修卡。

（三）市场常用淋浴房价格

市场常用淋浴房价格见表13-6。

表13-6　　　　　　　　市场常用淋浴房价格

产品名称	品牌	规格型号	材质	参考价格（元/套）
欧路莎整体房	欧路莎	1200mm×800mm×2150mm	复合板材	6488.00
欧路莎整体房	欧路莎	950mm×950mm×2170mm	复合板材	4666.00
欧路莎冲浪淋浴房	欧路莎	1500mm×950mm×2150mm	复合板材	7388.00
欧路莎冲浪淋浴房	欧路莎	1700mm×900mm×2130mm	复合板材	10650.00
欧路莎冲浪淋浴房	欧路莎	1390mm×1390mm×2150mm	复合板材	11680.00
欧路莎蒸汽淋浴房	欧路莎	1500mm×950mm×2150mm	复合板材	8380.00
欧路莎蒸汽淋浴房	欧路莎	900mm×900mm×2150mm	复合板材	6980.00
欧路莎蒸汽淋浴房	欧路莎	1100mm×1100mm×2130mm	复合板材	7150.00
万斯敦整体房	万斯敦	900mm×900mm×2150mm	玻璃+不锈钢+亚克力	4258.00

续 表

产品名称	品牌	规格型号	材质	参考价格（元/套）
万斯敦豪华整体房	万斯敦	1200mm×800mm×2100mm	玻璃+不锈钢+亚克力	4628.00
万斯敦整体淋浴房	万斯敦	900mm×900mm×2100mm	玻璃+不锈钢+亚克力	3888.00
万斯敦智能型蒸汽房	万斯敦	1100mm×800mm×2150mm	玻璃+不锈钢+亚克力	9366.00
万斯敦电脑蒸汽房	万斯敦	900mm×900mm×2150mm	玻璃+不锈钢+亚克力	7050.00
万斯敦电脑蒸汽房	万斯敦	1700mm×900mm×2150mm	玻璃+不锈钢+亚克力	11380.00
万斯敦智能电脑蒸汽房	万斯敦	1100mm×1100mm×2120mm	玻璃+不锈钢+亚克力	9335.00
万斯敦智能电脑蒸汽房	万斯敦	1500mm×850mm×2150mm	玻璃+不锈钢+亚克力	12388.00
摩恩淋浴屏	摩恩	12151	亚克力+铜	1479.00
摩恩淋浴屏	摩恩	85216	复合面板	2546.00
摩恩淋浴屏	摩恩	211318	亚克力+铜	825.00
美标现代版淋浴屏	美标	CF-4807	复合面板	1200.00
美标迈阿密淋浴屏	美标	CF-4802.901	复合面板	1388.00
美标迈阿密淋浴屏	美标	CF-4801.901.09	复合面板	1866.00
美标迈阿密淋浴屏	美标	CF-4801.901	复合面板	1999.00

第五节 水 槽

（一）水槽的种类

水槽是厨房中必不可少的卫生洁具，一般用于橱柜的台面上。传统的由铁支架支撑的瓷质四方形水槽已经逐渐引退，而是选用新造型、新材质的新式水槽。

常见的材质有耐刷洗的不锈钢水槽，

水槽

颜色丰富、抗酸碱的人造结晶石水槽，质地细腻与台面可无缝衔接的可丽耐水槽，陶瓷珐琅水槽，花岗岩混合水槽等数种。

常用水槽的材质及特点见表13-7。

表13-7　　　　　　　　常用水槽的材质及特点

材　质	特　点
不锈钢水槽	不锈钢水槽有亚光、抛光、磨砂等款式，它不仅克服了易刮伤、有水痕的缺点，而且高档的水槽具有良好的吸声能力，能够把洗刷餐具时产生的噪声减至最低。不锈钢水槽的尺寸和形状多种多样，它本身具有的光泽能让厨房风格极具现代感
人造结晶石	人造结晶石是人工复合材料的一种，由结晶石或石英石与树脂混合制成。这种材料制成的水槽有很强的抗腐性，可塑性强且色彩多样。与不锈钢的金属质感比起来，它更为温和，而且多样的色彩可以迎合各种整体厨房设计
花岗岩混合水槽	花岗岩混合水槽是由80%的天然花岗岩粉混合丙烯酸树脂铸造而成的产品，属于高档材质。其外观和质感就像纯天然石材一般坚硬光滑，水槽表面显得更加高雅、时尚、美观、耐磨

（二）常用水槽价格

常用水槽价格见表13-8。

表13-8　　　　　　　　常用水槽价格

产品名称	品牌	规格型号	材质	参考价格（元/套）
欧驰单盆水槽	欧驰	480mm×410mm×175mm	高镍脱瓷不锈钢	235.00
欧驰单盆水槽	欧驰	420mm×420mm×185mm	高镍脱瓷不锈钢	252.00
福兰特单盆水槽	福兰特	610mm×500mm×220mm	进口304不锈钢	388.00
福兰特单盆水槽	福兰特	560mm×450mm×200mm	进口304不锈钢	315.00
摩恩单盆水槽	摩恩	430mm×430mm×200mm	进口304不锈钢	488.00
墨林单盆水槽	墨林	455mm×455mm×190mm	进口304不锈钢	445.00
墨林单盆水槽	墨林	570mm×460mm×200	进口304不锈钢	388.00
墨林单盆水槽	墨林	460mm×400mm×200mm	进口304不锈钢	335.00
科勒双盆水槽	科勒	838mm×470mm×220mm	铸铁	2488.00
苏黎世T系列双水槽	弗兰卡	840mm×470mm×200mm	不锈钢	1588.00
苏黎世T系列双水槽	弗兰卡	795mm×430mm×200mm	不锈钢	1180.00
日内瓦L系列双水槽	弗兰卡	815mm×450mm×200mm	不锈钢	1488.00

产品名称	品牌	规格型号	材质	参考价格（元/套）
日内瓦L系列双水槽	弗兰卡	1140mm×450mm×200mm	不锈钢	1866.00
格蕾莎系列双槽	弗兰卡	1160mm×500mm×190mm	不锈钢	2836.00
格蕾莎系列双水槽	弗兰卡	860mm×500mm×190mm	不锈钢	2177.00

第六节 水 龙 头

（一）水龙头的种类

水龙头是室内水源的开关，负责控制和调节水的流量大小，是室内装饰装修必备的材料。现代水龙头的设计谋求人与自然和谐共处的理念，以自然为本，以自然为师，以最尖端的科技和完美的细节品质，使每一种匠心独具的产品都是自然与艺术的精彩展现，给人们的日常生活带来愉悦的心情。

水龙头

从功能方面看，常用的水龙头分为冷水龙头、面盆龙头、浴缸龙头、淋浴龙头四大类。

（1）冷水龙头。其结构多为螺杆升降式，即通过手柄的旋转，使螺杆升降而开启或关闭。它的优点是价格较便宜，缺点是使用寿命较短。

（2）面盆龙头。用于放冷水、热水或冷热混合水。它的结构有螺杆升降式、金属球阀式、陶瓷阀芯式等。阀体用黄铜制成，外表有镀铬、镀金及各色金属烘漆，造型多种多样；手柄分为单柄和双柄等形式；高档的面盆龙头装有落水提拉杆，可直接提拉打开洗面盆的落水口，排除污水。

（3）浴缸龙头。目前市场上流行的是陶瓷阀芯式单柄浴缸龙头。它采用单柄即可调节水温，使用方便；陶瓷阀芯使水龙头更耐用，不漏水。浴缸龙头的阀体多采用黄铜制造，外表有镀铬、镀金及各式金属烘漆等。

（4）淋浴龙头。其阀体多用黄铜制造，外表有镀铬、镀金等。启闭水流的方式有螺杆升降式、陶瓷阀芯式等，用于开放冷热混合水。

（二）水龙头的选购

水龙头的阀芯决定了水龙头的质量。因此，挑选好的水龙头首先要了解水龙头的阀芯。目前常见的阀芯主要有三种，即陶瓷阀芯、金属球阀芯和轴滚式阀芯。陶瓷阀芯的优点是价格低，对水质污染较小，但陶瓷质地较脆，容易破裂；金属球阀芯具有不受水质的影响，可以准确地控制水温，拥有节约能源的功效等优点；轴滚式阀芯的优点是手柄转动流畅，操作容易简便，手感舒适轻松，耐老化、耐磨损。

（三）水槽常用水龙头价格

水槽常用水龙头价格见表13-9。

表13-9　　　　　　　　水槽常用水龙头价格

产品名称	品牌	规格型号	材质	参考价格（元/个）
汉斯格雅爱家乐丽丝厨房龙头	汉斯格雅	32810	铜锌合金	1055.00
汉斯格雅爱家乐施美厨房龙头	汉斯格雅	31900	铜锌合金	1366.00
汉斯格雅厨房龙头	汉斯格雅	14830000	铜锌合金	1700.00
美标丽舒单孔厨房龙头	美标	CF-5604.501	铜+镀铬	988.00
美标迈阿密弧形厨房龙头	美标	CF-5608.501	铜+镀铬	711.00
美标塞特单孔厨房龙头	美标	CF-5621.501	铜+镀铬	611.00
科勒厨房龙头	科勒	K-8674-4M-CP	铜+镀铬	1966.00
科勒厨房龙头	科勒	K-12177-CP	铜+镀铬	1188.00
科勒索丽奥厨房龙头	科勒	K-8690-CP	铜+镀铬	766.00
汉斯格雅梦迪亚Ⅱ单把面盆龙头	汉斯格雅	15010	锌铜合金	1495.00
汉斯格雅梦迪宝Ⅱ单把面盆龙头	汉斯格雅	14010	锌铜合金	1399.00
汉斯格雅达丽雅单把面盆龙头	汉斯格雅	33001	锌铜合金	866.00
TOTO面盆龙头	TOTO	DL207HN	铜	899.00
TOTO单孔单柄面盆龙头	TOTO	DL307E	铜+镀铬	606.00
TOTO单孔单柄混合面盆龙头	TOTO	DL307-1	铜+镀铬	588.00
科勒菲尔法斯系列双把脸盆龙头	科勒	K-8658T-CP	铜+镀铬	1222.00

续 表

产品名称	品牌	规格型号	材质	参考价格（元/个）
科勒高把面盆龙头	科勒	K-12183T-CP	铜+镀铬	1155.00
科勒双把脸盆龙头	科勒	K-8661-2	铜+镀铬	899.00
汉斯格雅梦迪亚Ⅰ单把浴缸龙头	汉斯格雅	15400	锌铜合金	2266.00
汉斯格雅梦迪宝Ⅱ单把浴缸龙头	汉斯格雅	14410	锌铜合金	1866.00
汉斯格雅达丽雅单把浴缸龙头	汉斯格雅	33400	锌铜合金	1088.00
科勒浴缸花洒龙头	科勒	K-8641-CP	铜+镀铬	1680.00
科勒浴缸龙头	科勒	K-8696-CP	铜+镀铬	1425.00
科勒浴缸花洒龙头	科勒	K-8654-C	铜+镀铬	1330.00
法恩莎浴缸龙头	法恩莎	F82334C	铜	825.00
法恩莎浴缸龙头	法恩莎	F82337C	铜	725.00
法恩莎挂墙浴缸龙头	法恩莎	F2307C	铜+镀铬	525.00
摩恩淋浴柱	摩恩	57160+2232	铜+镀铬	2626.00
摩恩泰娅明装淋浴龙头	摩恩	5248	铜+镀铬	1188.00
摩恩淋浴龙头	摩恩	FD5004	铜+镀铬	866.00
汉斯格雅淋浴龙头	汉斯格雅	13261000	锌铜合金	2255.00
汉斯格雅梦迪雅Ⅱ单把淋浴龙头	汉斯格雅	15610	铜锌合金	1666.00
汉斯格雅达丽丝暗装淋浴龙头	汉斯格雅	32675	锌铜合金	1050.00

第十四章　室内装饰材料的综合应用

第一节　墙地面材料应用

图中餐桌背景墙为密度板材质，表面喷白漆。施工做法为选用中密度板材，用胶粘剂逐层粘贴至设计厚度，然后手工或机械雕刻成设计图案，最后表面喷白色木器漆。这种造型的设计适合用在大一些的空间中，而且造价较低，图中的整体造价在5000元左右。而小空间则适合用格子类的造型。

图中空间整体为现代风格，以直线直角作为设计手法，墙面用普通的密度板做出几何线条，既节省空间，又节省成本，且效果比其他用多种材料拼接的方法更好。施工做法为选用中密度板材，依照设计图纸裁切成相应大小，然后在密度板表面开"U形槽"或"阴阳倒角"达到设计要求，与墙面的连接采用钢钉固定，最后表面喷白色木器漆，造价仅为300元/m²左右。

图中主题墙为装饰壁纸材质。施工做法为用壁纸胶把装饰壁纸粘贴在墙面上，施工时注意壁纸要刮平，不留气泡或褶皱。外框用不锈钢装饰条收边。整体造价按壁纸的选择，可高可低。另外，如果只用这一种材料作为背景，那么使用的面积不要过大，尽量控制在9m²以内。

对于套间或带有衣帽间的卧室，特别适合图中的设计方法。把内间的门与墙面融为一体，既大气又实用。图中背景墙为饰面板材质。施工做法为先用大芯板作为底材，用钢钉固定在墙上，表面贴装饰饰面板，施工时要把饰面板按设计要求裁切成相应大小，用汽钉固定，各饰面板块之间留5mm缝隙，然后饰面板表面刷亚光清漆，最后用黑色勾缝剂勾缝。造价在330元/m²左右。

图中墙面为石膏板材质。施工做法为根据设计图纸用木龙骨做出框架，之后用石膏板封面并做出假墙，注意封面之前电路施工要同步完成。最后表面刷白色及彩色乳胶漆。整体造价在180元/m²左右。

图中墙面为成品装饰镜。有时候用简单的材料也可以做出一定的效果。施工做法为墙体表面刷乳胶漆，装饰镜连接件用膨胀螺栓与墙体连接固定，最后将装饰镜挂装即可。此装饰镜市场价格在1300元/块左右。

图中墙面为装饰壁纸材质。施工做法为用壁纸胶把装饰壁纸粘贴在墙面上，施工时注意壁纸要刮平，不留气泡或褶皱。然后上下用实木线条收边，最后实木线条刷亚光木器漆。整体造价大约在1000元/项左右。

图中墙面为饰面板材质。施工做法为先用大芯板作为底材，用钢钉固定在墙上，表面贴装饰饰面板，施工时要把饰面板按设计要求裁切成相应大小，用汽钉固定，各饰面板块之间留10mm缝隙，然后饰面板表面刷亚光清漆，最后用黑色亚克力装饰条勾缝，采用粘接法即可。整体造价在350元/m²左右。

图中墙面为实木线条及装饰玻璃材质。施工做法为先用大芯板作为底材，用钢钉固定在墙上，表面贴装装饰玻璃，施工时要把装饰玻璃按设计要求裁切成相应大小，用胶粘剂固定。主题墙两侧的酷似竹帘的装饰实为装饰壁纸，用壁纸胶把装饰壁纸粘贴在墙面上即可。实木线条要事先做好喷漆处理，干燥后采用粘接法按设计图纸排列即可。整体造价在460元/m²左右。

图中墙面为灯箱片材质，这种设计可以营造很好的灯光气氛。施工做法为根据设计图纸用木龙骨做出框架，龙骨与墙面深度要预留出空间以便电路施工。之后用灯箱片封面，然后根据设计图纸用实木线条装饰，施工前实木线条要喷漆完成，用粘接法粘接在灯箱片上。整体造价大约在2650元/项左右。

图中墙面为大理石材质，是简欧风格中常用的材料之一，而且大小空间都可以使用。施工做法为先按照设计图纸用轻钢龙骨做出框架，并预留电器走线位置，然后用大理石封面。封面时要把大理石板按设计要求裁切成相应大小，各大理石板块之间留20mm缝隙，最后用黑色勾缝剂勾缝。整体造价在2500元/m²左右。

第二节　厨卫空间材料应用

图片中是一个小户型空间，厨房为开放式。除了用一个餐边柜作为隔断，在墙面材料的使用上也做了分割，但要注意，涂料和釉面砖的连接处，它们的厚度必须遵循涂料高、釉面砖低的原则。

图片中的橱柜为西德板材质，台面为防火板，施工做法为柜体及台面为工厂定制，安装方法为现场组装，整体造价大约在5600元/延米。地面砖采用水泥砂浆铺贴施工工艺，但在颜色的选择上要注意与橱柜要属同一色系，整体造价在120元/m²左右。

图片中的墙、地面砖都采用了水泥砂浆铺贴施工工艺，且使用了釉面砖和马赛克两种材料相搭配，这种搭配特别适合用在田园风格的设计中。马赛克整体造价在200元/m²左右，釉面砖整体造价在150元/m²左右。

图片中的橱柜为覆膜板材质，台面为人造石材。这种材质的橱柜易打理，表面没有卫生死角，施工做法为柜体及台面为工厂定制，安装方法为现场组装，整体造价大约在2000元/延米。与白色橱柜搭配的墙地面材料颜色多用为同为白色系的变色或中度灰，这样才不会突兀或"头重脚轻"，也就是大家口中的"这个橱柜像飘在半空中一样"。

图片中的橱柜为西德板材质，台面为人造石材。施工做法为柜体及台面为工厂定制，安装方法为现场组装，整体造价在4200元/延米。墙面砖采用了水泥砂浆铺贴施工工艺，这种带有纹理的墙面砖价格相对较高，整体造价在210元/m²左右。

图片中的橱柜为防火板材质，台面为人造石材。这套橱柜的设计适合使用频率不高的厨房，上柜几乎没有设计门板，这样做的目的是把餐、厨、水具等的艺术性与实用性都完美地展现出来。施工做法为柜体及台面为工厂定制，安装方法为现场组装。整体造价在9000元/整套。

图中的厨房设计成了半开放式，橱柜为覆膜板材质，台面为人造石材。原门洞位置不设置房门，做成拱形门洞，利用涂料的"软"去中和墙面砖的"硬"，让这个开放空间能更好的与周围环境融为一体。施工做法为柜体及台面为工厂定制，安装方法为现场组装。整体造价在1800元/延米。

图片中的橱柜为覆膜板材质，台面为人造石材。施工做法为柜体及台面为工厂定制，安装方法为现场组装，整体造价大约在3000元/延米。墙面砖采用了水泥砂浆铺贴施工工艺，整体造价在150元/m²左右。其中墙面玻璃砖透光墙整体造价在360元/m²左右。

图片中的顶面为桑拿板材料，施工做法同普通吊顶。其本身的防潮耐水的特性较适用于厨卫空间，这种材料多被用在田园风格或简约风格中，优点是耐脏且极易打理，用它作为主题墙面的主要材料也很常见，整体造价在320元/m²左右。

图片中的橱柜为覆膜板材质，台面为人造石材。施工做法为柜体及台面为工厂定制，安装方法为现场组装，整体造价大约在10000元/整套。黑色系橱柜的地面砖一定要用深色系，图中地面砖为常见款式，整体造价在90元/m²左右。

图片中的厨房为半开放式，顶面选用的是防水石膏板，这样就避免了利用墙面去做空间分割，好处是可以更好地融入其他空间，整体造价大约在300元/m²。橱柜为UV板材质，台面为人造石材。施工做法为柜体及台面为工厂定制，安装方法为现场组装，整体造价大约在1600元/m。

图中左侧洗手台上方为马赛克铺贴，采用了水泥砂浆铺贴施工工艺，整体造价在110元/m²左右。洗手台为成品，市场价格约2300元/套，其具体施工工艺为墙面预埋支架，洗手台挂装并粘接。

图中墙面为防水壁纸，其施工工艺为壁纸胶粘贴，整体造价在270元/m²左右。左侧墙面为成品整装镜，市场价格约500元/个，挂装处的施工工艺为冲击钻打眼并留有连接件，内附膨胀螺栓留尾以便挂装，挂装处整体造价大约在10元/眼。

图中墙面为桑拿板刷防水清漆，施工工艺为白乳胶粘接，钢钉固定，根据其样式、花色等，整体造价在320元/m²左右。开放式淋浴房成本较低，缺点是不易清洁，整体造价在300元/m²左右，但笔者建议可以使用磨砂效果的钢化玻璃。

图中墙面马赛克采用了水泥砂浆铺贴施工工艺，整体造价在230元/m²左右。浴缸为成品，市场价格约在3800元/套。浴缸架为人工搭设，具体施工工艺为红砖砌筑，水泥砂浆贴砖，整体造价在1800元/项左右。

图中墙面上半部为防水壁纸，其施工工艺为壁纸胶粘贴，根据其样式、花色等，整体造价在235元/m²左右。值得一提的是，如果墙面用壁纸，那么顶面一定要用防水石膏板吊顶，而且墙面下半部的釉面砖部分，腰线的设计最好高低起伏，错落有致，这样才能更好地表现出设计感。

图中地面为实木防水地板，其施工工艺为企口拼接，整体造价在430元/m²左右。浴缸为人工堆砌，具体施工工艺为红砖砌筑，水泥砂浆贴砖，整体造价在2500元/项左右。有一点要注意，在卫生间使用实木防水地板，底层最好留有排水道，用钢龙骨代替木龙骨。

图中整装镜的施工工艺为白乳胶粘贴，膨胀螺栓固定，市场价格约260元/m²。洗手台为成品，现场组装，与墙体连接处用玻璃胶粘接，市场价格约3150元/套。现在单独使用镜面玻璃作为整装镜而不添加边框封边的做法很常见，这样就可以把镜前灯隐藏在吊顶当中，且不影响使用效果。

在简欧风格的设计中，带有大理石纹理的墙面砖多被应用到厨卫空间中，图中墙面砖采用了水泥砂浆铺贴施工工艺，整体造价在175元/m²左右。边角柜为成品，现场组装，市场价格约3500元/组。毛巾挂件采用膨胀螺栓固定，市场价格约90元/个。

图中墙面砖采用了水泥砂浆铺贴施工工艺，整体造价在100元/m²左右。为了设计更丰富一些，马桶上方使用了马赛克作为区域引导，兼有装饰功能，采用了水泥砂浆铺贴施工工艺，整体造价在190元/m²左右。

图中墙面马赛克采用了水泥砂浆铺贴施工工艺，整体造价在350元/m²左右，价格中包含人工拼花的费用。如果希望在卫生间中设置一道风景又不占空间，那么墙面装饰最适合了，考虑到空间的性质，马赛克是首选的材料之一，样式丰富不单一。顶面为防水石膏板吊装，整体造价在260元/m²左右。

图中墙面马赛克采用了水泥砂浆铺贴施工工艺，整体造价在195元/m²左右。洗手盆为成品，市场价格约3500元/套，其具体施工工艺为墙面预埋支架，板材封面做成手盆台，洗手盆挂装并粘接。需要注意的是，此类洗手盆的下水管件最好埋在墙里。